"十四五"高等职业教育计算机类专业系列教材

Linux 服务管理与运维

主　编◎黄　新
副主编◎刘　静

中国铁道出版社有限公司
CHINA RAILWAY PUBLISHING HOUSE CO., LTD.

内 容 简 介

本书是以 Linux 企业项目实战为主导的培养 Linux 运维工程师的图书,偏重 Linux 的实操,旨在培养学生动手操作能力。

本书以单元任务化的形式组织,以 CentOS 7.5 网络操作系统为载体,精选该操作系统的常用网络服务的经典工程案例进行了详细讲述。全书共分 6 个单元,从一个新手的角度出发,到实际的工程案例,包括 CentOS 7.5 网络操作系统中的系统基础管理命令、批量部署服务、FTP 服务、NFS 服务、CIFS 服务、DNS 服务、磁盘配额、FTP 服务、邮件服务、数据库与缓存服务、Web 服务。最后通过微商城服务系统搭建和部署企业项目,将上述所用到的知识点和技能点融会贯通。

本书适合作为高职高专的计算机网络技术、云计算技术、大数据技术等计算机类相关专业的教材,也可作为相关 Linux 中高级运维人员的技术参考书。

图书在版编目（CIP）数据

Linux 服务管理与运维/黄新主编.—北京：中国铁道出版社有限公司，2022.6

"十四五"高等职业教育计算机类专业系列教材

ISBN 978-7-113-28992-8

Ⅰ.①L… Ⅱ.①黄… Ⅲ.①Linux 操作系统-高等职业教育-教材 Ⅳ.①TP316.85

中国版本图书馆 CIP 数据核字(2022)第 045011 号

书　　名：Linux 服务管理与运维
作　　者：黄　新

策　　划：翟玉峰　　　　　　　　　编辑部电话：（010）83517321
责任编辑：翟玉峰　许　璐
封面设计：刘　颖
责任校对：苗　丹
责任印制：樊启鹏

出版发行：中国铁道出版社有限公司（100054，北京市西城区右安门西街 8 号）
网　　址：http://www.tdpress.com/51eds/
印　　刷：三河市宏盛印务有限公司
版　　次：2022 年 6 月第 1 版　2022 年 6 月第 1 次印刷
开　　本：787 mm×1 092 mm　1/16　印张：10　字数：256 千
书　　号：ISBN 978-7-113-28992-8
定　　价：29.00 元

版权所有　侵权必究

凡购买铁道版图书，如有印制质量问题，请与本社教材图书营销部联系调换。电话：（010）63550836
打击盗版举报电话：（010）63549461

前 言

随着云计算、大数据、人工智能技术的飞速发展，各行业都认识到云技术发展会给企业带来可观的红利，纷纷将企业应用迁移上云，再利用大数据与人工智能技术，对企业应用进行赋能，让应用能更好地服务广大用户。企业应用高效、稳定、有序的运转离不开 Linux 操作系统的支撑。Linux 操作系统是云计算、大数据等技术发展的基石。

本书的编者长期工作在教育一线，迫切感受到学校教育和工程实践之间的鸿沟。一方面，IT 企业竞争不断加剧，企业招聘不到满意的 Linux 运维员工；另一方面，高校的教材存在一定的技术延迟，高校培养的学生就业面临诸多现实困难，难以找到专业对口的工作。本书的初衷是将 IT 企业运维中的主流前沿技术转化为人才培养的素材，培养符合经济社会发展需要的适配人才，使他们顺利投身产业并推动产业的进步与发展。

本书具有如下特点：

（1）选用企业主流技术，突出前沿性。

本书以 Linux 主流发行版 CentOS 系统为基础，从系统的安装部署到系统的使用（常用命令），从 Linux 系统中的常用服务到 Linux 系统中的存储、数据库、缓存等服务，从 Linux 系统中的 Web 服务部署与应用到微服务架构部署与应用，较全面地介绍了 Linux 系统的主流用法与实践。

（2）以实际项目贯穿，突出实践性。

本书选择以任务的方式，分步学习 Linux 中的各项应用服务，再引入真实项目案例（商城应用）将学习内容贯穿始终，让学生有目标地学习，大大提高教学质量。

（3）以学生素质培养为目标，突出创新性。

Linux 操作系统与服务的学习是一个长期的过程，要学会 Linux 不难，但是要深入掌握 Linux 中的各项服务与应用需要长期的使用与积累。教材突破单纯的技术讲授，将素质、能力的提升蕴含其中，让学习者在潜移默化中得到锻炼和提高。

本书教学内容采用任务式的编写思路，分 6 个单元。每个单元包含若干任务，通过单元描述引出该单元的核心内容，明确学习目标。每个任务包含任务描述、任务分析、任务实施 3 个环节。单元最后设置单元小结、课后练习、实训练习。单元小结总结单元的重点和难点内容；课后练习针对本单元的任务布置知识考核和技能考核习题；实训练习则根据本单元的实操任务横向拓展，布置一个实训任务，帮助学生消化本单元所学内容。本书建议授课 64 学时，教学内容及学时安排见下表。

学时分配表

单元名称		学时
单元 1	Linux 系统安装与使用	8
单元 2	Linux 常用服务	8
单元 3	Linux 常用存储服务	8
单元 4	数据库与缓存服务	12
单元 5	Linux Web 服务	12
单元 6	Linux 微服务架构	16
课时总计		64

本书配套的资源包、运行脚本、电子教案等，可登录 http://www.1daoyun.com 下载。本书适合作为高职高专的计算机网络技术、云计算技术、大数据技术等计算机类相关专业的教材，对于从事 Linux 运维、云计算运维的技术人员也有较大的参考价值。同时也适合从事服务器运维、应用实施的专业人士阅读。

本书由深圳职业技术学院黄新任主编，刘静任副主编。江苏一道云科技发展有限公司的工程师参与了验证和校核工作。同时，在本书编写过程中，参阅了国内外同行编写的相关著作和各类文献，谨向各位作者致以深深谢意！由于作者水平有限，错误和不足之处在所难免，恳请各位读者批评、指正，将不胜感激。

编　者

2021 年 11 月

目　录

单元 1　Linux 系统安装与使用 1
　单元描述 1
　知识准备
　　1. Linux 操作系统 2
　　2. CentOS 操作系统 5
　　3. PXE 与 Kickstart 工具 6
　任务 1.1　单节点安装 CentOS 系统 8
　任务 1.2　PXE+Kickstart 批量部署
　　　　　　系统 17
　任务 1.3　使用 CentOS 系统 25
　单元小结 41
　课后练习 42
　实训练习 42

单元 2　Linux 常用服务 43
　单元描述 43
　知识准备
　　1. FTP 服务 44
　　2. CIFS 服务 46
　　3. NFS 服务 47
　任务 2.1　安装与使用 FTP 服务 48
　任务 2.2　安装与使用 CIFS 服务 51
　任务 2.3　安装与使用 NFS 服务 55
　单元小结 58
　课后练习 58
　实训练习 58

单元 3　Linux 常用存储服务 59
　单元描述 59
　知识准备
　　1. LVM 逻辑卷技术 60
　　2. RAID 磁盘阵列技术 61
　任务 3.1　创建与使用 LVM 逻辑卷 64
　任务 3.2　创建与使用 RAID 磁盘阵列 ... 75
　单元小结 81

　课后练习 81
　实训练习 81

单元 4　数据库与缓存服务 82
　单元描述 82
　知识准备
　　1. MariaDB 数据库 83
　　2. Redis 数据库 85
　任务 4.1　安装与使用 MariaDB
　　　　　　数据库 88
　任务 4.2　安装与使用 Redis 94
　单元小结 99
　课后练习 99
　实训练习 99

单元 5　Linux Web 服务 100
　单元描述 100
　知识准备
　　1. LAMP 架构 101
　　2. LNMP 架构 102
　任务 5.1　LAMP+WordPress 实战 ... 104
　任务 5.2　LNMP+Discuz 实战 112
　单元小结 119
　课后练习 119
　实训练习 119

单元 6　Linux 微服务架构 120
　单元描述 120
　知识准备
　　1. 微服务架构 121
　　2. gpmall 商城应用 123
　　3. Docker 容器服务 126
　　4. 微服务与容器 128
　　5. Compose 服务 129
　任务 6.1　单节点部署 gpmall 商城
　　　　　　应用 131

任务 6.2　容器化部署 gpmall 商城
　　　　　应用 138
单元小结 151

课后练习 151
实训练习 152
参考文献 **153**

单元 1

➔ Linux 系统安装与使用

🖱 单元描述

无论是云计算、大数据还是人工智能技术，都需要依赖底层的 Linux 操作系统。Linux 操作系统是这些应用或服务能稳定运行的基石。部署安装 Linux 操作系统有多种方法，本单元介绍了单节点安装系统、使用 PXE+Kickstart 批量部署 Linux 操作系统及 Linux 操作系统的使用。较全面地介绍了 Linux 操作系统主流的安装与使用方法。

知识目标

（1）了解 Linux 操作系统的起源与发展；
（2）了解主流的 Linux 操作系统发行版本；
（3）认识 CentOS 操作系统，掌握其优点。

能力目标

（1）能进行单节点部署 CentOS 系统；
（2）能基于 PXE+Kickstart 批量部署操作系统；
（3）能进行 CentOS 操作系统的基本使用。

素质目标

（1）培养以科学的思维方式审视专业问题的能力；
（2）增强实际动手操作与团队合作的能力。

本单元旨在让读者掌握 Linux 系统的安装与使用，为了方便读者学习，将本单元任务拆分为三个，从基础的单节点部署系统到批量化部署，再到部署完系统后的使用，循序渐进地学习。任务分解具体见表 1-1。

表 1-1 单元 1 任务分解

任 务 名 称	任 务 目 标	安 排 课 时
任务 1.1 单节点安装 CentOS 系统	能安装单节点操作系统	2
任务 1.2 PXE+Kickstart 批量部署系统	能完成操作系统的批量部署	4
任务 1.3 使用 CentOS 系统	能使用 CentOS 操作系统	2
总 计		8

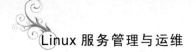

知识准备

1. Linux 操作系统

（1）Linux 操作系统简介

Linux 是一个类似 UNIX 的操作系统，它是 UNIX 在计算机上的完整实现。UNIX 操作系统是 1969 年由 K.Thompson 和 D.M.Richie 在美国贝尔实验室开发的操作系统。由于良好而稳定的性能，其迅速得到广泛应用，并在随后的几十年中不断改进。

1990 年，芬兰人 Linus Torvalds 接触了为教学而设计的 Minux 系统后，开始着手研究编写一个开放的与 Minux 系统兼容的操作系统。1991 年 10 月 5 日，Linus Torvalds 在赫尔辛基技术大学的一台 FTP 服务器上发布了第一个 Linux 的内核版本 0.02 版。随着编程小组的扩大和完整的操作系统基础软件的出现，Linux 开发人员认识到，Linux 已经逐渐变成一个成熟的操作系统。1992 年 3 月，内核 1.0 版本的推出标志着 Linux 第一个正式版本诞生。

（2）Linux 系统的特点

① 开放性。

Linux 系统遵循世界标准规范，特别是遵循开放系统互连 OSI 国际标准。凡遵循国际标准所开发的硬件和软件，都能彼此兼容，可方便地实现互联。另外，源代码开放的 Linux 是免费的，获取非常方便，使用 Linux 可节约费用。Linux 开放源代码，使用者能控制源代码，按照需要对部件混合搭配，建立自定义扩展。

② 多用户。

系统资源可以被不同用户拥有和使用，即每个用户对自己的资源（如文件、设备）有特定的权限，互不影响。Linux 和 UNIX 都具有多用户的特性。

③ 多任务。

多任务是现代计算机最主要的一个特点，是指计算机同时执行多个程序，而且各个程序的运行相互独立。Linux 系统调度每一个进程平等地访问微处理器。

④ 出色的速度性能。

Linux 可以连续运行数月、数年而无须重新启动。Linux 不大在意 CPU 的速度，它可以把处理器的性能发挥到极限，用户会发现，影响系统性能提高的限制性因素主要是其总线和磁盘 I/O 的性能。

⑤ 良好的用户界面。

Linux 系统向用户提供三种界面，即用户命令界面、系统调用界面和图形用户界面。

⑥ 丰富的网络功能。

Linux 是在 Internet 基础上产生并发展起来的，因此，完善的内置网络是 Linux 的一大特点。Linux 在通信和网络功能方面优于其他操作系统。

⑦ 可靠的系统安全。

Linux 采取了许多安全技术措施，包括对读/写进行权限控制、带保护的子系统、审计跟踪、核心授权等，这为网络多用户环境中的各用户提供了必要的安全保障。

⑧ 良好的可移植性。

可移植性是指将操作系统从一个平台转移到另一个平台后仍然能按其自身运行方式运行的

能力。Linux 是一种可移植的操作系统，能够在微型计算机到大型计算机的任何环境中和任何平台上运行。可移植性为运行 Linux 的不同计算机平台与其他任何机器进行准确而有效的通信提供了手段，不需要另外增加特殊和昂贵的通信接口。

⑨ 具有标准兼容性。

Linux 是一个与可移植性操作系统接口 POSIX 相兼容的操作系统，它所构成的子系统支持所有相关的 ANSI、ISO、IETF 和 W3C 业界标准。Linux 也符合 X/Open 标准，具有完全自由的 X Window 实现。虽然 Linux 在对工业标准的支持上做得非常好，但是由于各 Linux 发布厂商都能自由获取和接触 Linux 的源代码，所以各厂家发布的 Linux 仍然存在细微的差别。其差异主要存在于所捆绑应用软件的版本、安装工具的版本和各种系统文件所处的目录结构等。

（3）Linux 系统的组成

Linux 系统一般包括 4 部分：内核（Kernel）、命令解释层（Shell）、文件系统和应用程序。内核、命令解释层和文件系统一起形成了基本的操作系统结构。它们使得用户可以运行程序、管理文件并且使用系统。具体介绍如下：

① 内核。

内核是系统的心脏，是运行程序和管理磁盘及打印机等硬件设备的核心程序。操作环境向用户提供一个操作界面，它从用户那里接受命令，并且把命令送给内核去执行。由于内核提供的都是操作系统最基本的功能，所以如果内核发生问题，整个计算机系统就可能会崩溃。

② 命令解释层。

Shell 是系统的用户界面，提供了用户与内核进行交互操作的一种接口，即在操作系统内核与用户之间提供操作界面。它可以描述为命令解释器，对用户输入的命令进行解释，再将其发送到内核。Linux 系统中的每个用户都可以拥有自己的用户操作界面，根据自己的要求进行定制。不仅如此，Shell 还有自己的编程语言用于编辑命令，它允许用户编写由 Shell 命令组成的程序。

③ 文件系统。

文件系统是文件存放在磁盘等存储设备上的组织办法。Linux 能支持多种流行的文件系统，如 XFS、EXT 2/3/4、FAT、VFAT、ISO 9660、NFS、CIFS 等。

④ 应用程序。

标准的 Linux 系统都有一套称为应用程序的程序集，包括文本编辑器、编程语言 X Window、办公套件、Internet 工具、数据库等。

（4）Linux 系统的版本

Linux 系统的版本分为内核版本和发行版本两种。

① 内核版本。

内核是系统的心脏，是运行程序和管理磁盘及打印机等硬件设备的核心程序，它提供了一个在裸设备与应用程序间的抽象层。例如，程序本身不需要了解用户的主板芯片集成或者磁盘控制器的细节就能在高层次上读/写磁盘。

内核的开发和规范一直由 Linus Benedict Torvalds 领导的开发小组控制着，版本也是唯一的。开发小组每隔一段时间公布新的版本或其修订版，从 1991 年 10 月 Linux 公布内核 0.0.2 版本到目前的内核 5.4.0 版本，Linux 的功能越来越强大。

Linux 内核的版本号命名是有一定规则的，版本号的格式通常为"主版本号.次版本号.修正号"。主版本号和次版本号标志着重要的功能变动，修正号表示较小的功能变更。以 4.6.12 版本

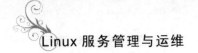

为例，4 为主版本号，6 为次版本号，12 为修正号。其中次版本号还有特定的意义：如果是偶数数字，就代表该内核是一个可放心使用的稳定版；如果是奇数数字，则表示该内核加入了某些测试的新功能，是一个内部可能存在 BUG 的测试版。例如，4.5.74 表示一个测试版的内核，4.6.12 表示一个稳定版的内核。读者可以到 Linux 内核官方网站下载最新的内核代码。

② 发行版本。

仅有内核而没有应用软件的操作系统是无法使用的，所以许多公司或者社团将内核、源代码及相关的应用程序组织构成一个完整的操作系统，让一般的用户可以简便地安装和使用 Linux，这就是所谓的发行版本。一般谈论的 Linux 系统便是针对这些发行版本的。目前各种发行版本超过 300 种，它们的发行版本号各不相同，使用的内核版本号也可能不一样，现在流行的有 RedHat（红帽）、CentOS、Fedora、openSUSE、Debian、Ubuntu、红旗 Linux 等。

（5）Linux 系统应用领域

Linux 操作系统自诞生到现在，已经在各个领域得到了广泛应用，显示了强大的生命力，并且其应用正日益强大。

① 教育与服务领域。

由于设计先进和公开源代码这两大特性，Linux 系统在操作系统教育领域得到广泛应用。Linux 服务器应用广泛，具有稳定、健壮、系统要求低、网络功能强等特点，使 Linux 成为 Internet 服务器操作系统的首选，现已达到了服务器操作系统市场 40%以上的占有率。

② 云计算领域。

在构建云计算平台的过程中，开源技术起到了不可替代的作用。从某种程度上说，开源是云计算的灵魂。大多数云基础设施平台都使用 Linux 操作系统。目前已经有多个云计算平台的开源实现，主要开源云计算项目有 OpenStack、CloudStack 和 OpenNebula 等。

③ 嵌入式领域。

Linux 是最适合嵌入式开发的操作系统。Linux 嵌入式应用涵盖的领域极为广泛，嵌入式领域将是 Linux 最大的发展空间。迄今为止，在主流 IT 界取得最大成功的当属由谷歌开发的 Andriod 系统，它是基于 Linux 的移动操作系统。Android 把 Linux 交到了全球无数移动设备消费者的手中。

④ 企业领域。

利用 Linux 操作系统可以使企业用低廉的投入架设 E-mail 服务器、WWW 服务器、DNS 和 DHCP 服务器、目录服务器、防火墙、文件和打印服务器、代理服务器、透明网关、路由器等。当前，谷歌、亚马逊、思科、IBM、纽约证券交易所和维珍美国公司等都是 Linux 用户。

⑤ 超级计算领域。

Linux 操作系统还应用于高性能计算、计算密集型应用等方面，如风险分析、数据分析、数据建模等方面也得到了广泛的应用。在 2018 及 2019 年世界 500 强超级计算机排行榜中，基于 Linux 操作系统的计算机占据了 100%的份额。

⑥ 桌面领域。

面向桌面的 Linux 操作系统特别在桌面应用方面进行了改进，达到了相当高的水平，完全可以作为一种集办公应用、多媒体应用、网络应用等多功能于一体的图形界面操作系统。

2. CentOS 操作系统

（1）CentOS 系统简介

在上面介绍 Linux 系统发行版时，提到了 CentOS 操作系统，CentOS 是免费的、开源的、可以重新分发的操作系统，CentOS（Community Enterprise Operating System，社区企业操作系统）是 Linux 发行版之一。

CentOS Linux 发行版是一个稳定的、可预测的、可管理的和可复现的平台，源于 RedHat Enterprise Linux（RHEL）依照开放源代码（大部分是 GPL 开源协议）规定释出的源码所编译而成。

自 2004 年 3 月以来，CentOS Linux 一直是社区驱动的开源项目，旨在与 RHEL 在功能上兼容。而且 CentOS 系统在 RHEL 的基础上修正了不少已知的 Bug，相对于其他 Linux 发行版，其稳定性值得信赖。

CentOS 是免费的，用户可以像使用 RHEL 一样去构筑企业级的 Linux 系统环境，但不需要向 RedHat 付费。CentOS 主要通过社区的官方邮件列表、论坛和聊天室进行技术支持。

每个版本的 CentOS 都会获得十年的支持（通过安全更新方式），新版本的 CentOS 约每两年发行一次。而每个版本的 CentOS 会定期（约六个月）更新一次，以便支持新的硬件，以此建立一个安全、低维护、稳定、高预测性、高重复性的 Linux 环境。

（2）CentOS 系统的优点

CentOS 系统的优点如下：

① 开源、免费。

众所周知，无论是微软的 Windows 还是苹果的 MacOS，都是需要付费的，而且较为昂贵。而 Linux 是免费、开源的，用户可以随时取得其源代码，根据不同的需求进行定制，这对于用户，特别是程序开发人员是非常重要的。

② 跨平台的硬件支持。

由于 Linux 的内核大部分是用 C 语言编写的，并采用了可移植的 UNIX 标准应用程序接口，所以它支持如 i386、Alpha、AMD 和 Sparc 等系统平台，以及从个人计算机到大型主机，甚至包括嵌入式系统在内的各种硬件设备。

③ 丰富的软件支持。

与其他操作系统不同的是，安装了 Linux 操作系统后，用户常用的一些办公软件、图形处理工具、多媒体播放软件和网络工具等都无须安装。而对于程序开发人员来说，Linux 更是一个很好的操作平台，在 Linux 的程序包中，包含了多种程序语言与开发工具，如 gcc、cc、C++、Tcl/Tk、Perl 等。

④ 多用户多任务。

作为类 UNIX 系统，Linux 和 UNIX 一样，是一个真正的多用户多任务操作系统。多个用户可以各自拥有和使用系统资源，即每个用户对自己的资源（如文件、设备等）有特定的权限，互不影响，同时多个用户可以在同一时间以网络联机的方式使用计算机系统。多任务是现代计算机最主要的一个特点，由于 Linux 操作系统调度每一个进程是平等地访问处理器的，所以它能同时执行多个程序，而且各个程序的运行是相互独立的。

⑤ 可靠的安全性。

Linux 系统是一个具有先天病毒免疫能力的操作系统，很少受到病毒攻击。对于一个开放式

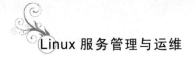

系统而言，在方便用户的同时，很可能存在安全隐患。不过，利用 Linux 自带防火墙、入侵检测和安全认证等工具，及时修补系统漏洞，就能大大提高 Linux 系统的安全性，让黑客们无机可乘。同时，由于其开源，所以 Linux 产生了各种不同版本，这也提高了被攻击的难度。

⑥ 良好的稳定性。

Linux 内核的源代码是以标准规范的计算机来做的优化设计，可确保其系统的稳定性。正因为 Linux 系统稳定，才使得安装 Linux 的主机像安装 UNIX 的机器一样常年不关也不会宕机。

⑦ 完善的网络功能。

Linux 内置了很丰富的免费网络服务器软件、数据库和网页的开发工具，如 Apache、Sendmail、VSFtp、SSH、MySQL、PHP 和 JSP 等。近年来，越来越多的企业看到了 Linux 这些强大的功能，利用 Linux 担任全方位的网络服务器。

3. PXE 与 Kickstart 工具

（1）PXE 简介

PXE（Preboot eXecution Environment，预启动执行环境）提供了一种使用网络接口（Network Interface）启动计算机的机制。这种机制让计算机的启动可以不依赖本地数据存储设备（如硬盘）或本地已安装的操作系统。

PXE 是由 Intel 公司开发的，工作于 Client/Server 的网络模式，支持工作站通过网络从远端服务器下载镜像，并由此支持通过网络启动操作系统，在启动过程中，终端要求服务器分配 IP 地址，再用 TFTP（Trivial File Transfer Protocol）或 MTFTP（Multicast Trivial File Transfer Protocol）协议下载一个启动软件包到本机内存中执行，由该启动软件包完成终端（客户端）基本软件设置，从而引导预先安装在服务器中的终端操作系统。PXE 可以引导多种操作系统。

严格来说，PXE 并不是一种安装方式，而是一种引导方式。进行 PXE 安装的必要条件是在要安装的计算机中必须包含一个 PXE 支持的网卡（NIC），即网卡中必须要有 PXE Client。PXE 协议可以使计算机通过网络启动。此协议分为 Client 端和 Server 端，而 PXE Client 则在网卡的 ROM 中。当计算机引导时，BIOS 把 PXE Client 调入内存中执行，然后由 PXE Client 将放置在远端的文件或镜像通过网络下载到本地运行。运行 PXE 协议需要设置 DHCP 服务器和 TFTP 服务器。DHCP 服务器会给 PXE Client（将要安装系统的主机）分配一个 IP 地址，由于是给 PXE Client 分配 IP 地址，所以在配置 DHCP 服务器时需要增加相应的 PXE 设置。此外，在 PXE Client 的 ROM 中，已经存在了 TFTP Client，就可以通过 TFTP 协议到 TFTP Server 上下载所需的文件或镜像。

（2）PXE 工作流程

① 设置 PXE 启动项。

设置拥有 PXE 功能的客户端主机开机启动项为网络启动，一般默认设置该选项，如果没有，可自行设置 BIOS 启动项。

② 分配 IP。

客户端开机之后进入网络启动，此时客户端没有 IP 地址需要发送广播报文（PXE 网卡内置 DHCP 客户端程序），DHCP 服务器响应客户端请求，分配给客户端相应的 IP 地址与掩码等信息。

③ 启动内核。

客户端得到 IP 地址之后，与 TFTP 通信，下载 pxelinux.0、default 文件，根据 default 指定

的 vmlinuz、initrd.img 启动系统内核，并下载指定的 ks.cfg 文件。

④ 安装系统。

根据 ks.cfg 文件到文件共享服务器（http/ftp/nfs）中下载 RPM 包，安装系统，注意此时的文件服务器提供 yum 服务器的功能。

PXE 的详细工作流程如图 1-1 所示。

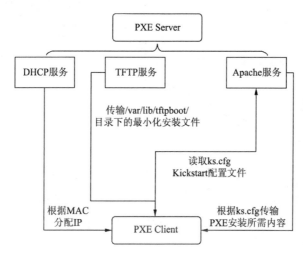

图 1-1　PXE 的详细工作流程

（3）PXE 工作场景

安装 Linux 操作系统的方式包括 HD、USB、CDROM、PXE 及远程管理卡等。在进行系统运维工作时，经常要安装操作系统，然而维护的机器不止一两台，一般的企业服务器数量都在几十、几百、几千甚至上万台。这么多的机器，如果人工一台一台地安装，那运维人员可能要把大部分时间都花费在安装系统上，所以，运维工程师们一般都会建立一个 PXE 服务器，通过网络来批量部署系统。这极大地简化了用光盘或者 U 盘重复安装 Linux 操作系统的过程，避免了重复性劳动，极大地提高了工作效率。

（4）Kickstart 简介

Kickstart 是红帽发行版中的一种安装方式，它通过以配置文件的方式来记录 Linux 系统安装时的各项参数和想要安装的软件。只要配置正确，整个安装过程中无须人工交互参与，可以达到无人值守安装的目的，是运维人员的首选。

Kickstart 文件可以存放于单一服务器上，在安装过程中被独立的机器所读取。该安装方法支持使用单一 Kickstart 文件在多台机器上安装 Linux 操作系统，这对于网络和系统管理员来说是理想的选择。

（5）Kickstart 工作原理

在安装过程中记录典型的需要人工干预填写的各种参数，并生成一个名为 ks.cfg 的文件；然后在安装过程中（不只局限于生成 Kickstart 安装文件的机器）出现要填写参数的情况，安装程序首先会去查找 Kickstart 生成的文件，如果找到合适的参数，就采用所找到的参数；如果没有找到合适的参数，就需要安装者手工干预。

所以，如果 Kickstart 文件涵盖了安装过程中可能出现的所有需要填写的参数，那么安装者完全可以只告诉安装程序从何处获取 ks.cfg 文件。安装完毕后，安装程序会根据 ks.cfg 中的设置重启操作系统，并结束安装。

PXE 配合 Kickstart 可以实现无人值守安装操作系统，通过 PXE+Kickstart 批量安装操作系统的工作流程如图 1-2 所示（DHCP Server、Install/Boot Server 和 OS Server 可以是一台机器）。

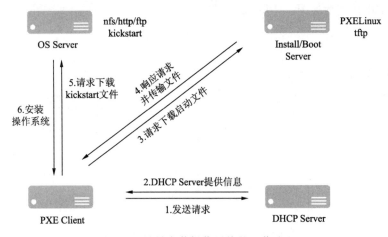

图 1-2　批量安装操作系统的工作流程

（6）Kickstart 创建方式

创建 Kickstart 文件有如下三种方式：

- 完全手动创建 Kickstart；
- 使用图形化工具 system-config-kickstart 创建 Kickstart；
- 通过标准化安装程序 Anaconda 安装系统，Anaconda 会生成一个当前系统的 Kickstart 文件，以此文件为基础，进行修改编辑，就变成了需要的 Kickstart 文件。

任务 1.1　单节点安装 CentOS 系统

任务描述

本任务主要介绍单节点安装 CentOS 系统的操作方法。为了方便读者实操，选用 VMware Workstation 软件作为实操环境。任务实施中较全面地介绍了如何准备 VMware Workstation 环境、安装操作系统的步骤、操作系统的连接使用，旨在让读者快速掌握单节点 Linux 操作系统的安装。

任务分析

使用单节点安装 CentOS 操作系统，需要准备 PC、VMware Workstation 软件和 CentOS 的镜像包，具体规划如下。

1. 节点规划

安装 CentOS 操作系统的单节点规划见表 1-2。

单元 ① Linux 系统安装与使用

表 1-2 节点规划

IP	主 机 名	节 点
192.168.200.10	localhost	Linux 服务器节点

确保当前实验的 PC 环境中安装了 VMware Workstation 软件，使用 CentOS 1804 的镜像包安装操作系统。

2. VMware **软件规划**

使用本地 PC 环境的 VMWare Workstation 软件进行实操练习，镜像使用 CentOS-7-x86_64-DVD-1804.iso，硬件资源如图 1-3 所示。

图 1-3 硬件资源

任务实施

1. **配置** VMware Workstation

打开 VMware Workstation，单击"创建新的虚拟机"按钮，如图 1-4 所示。

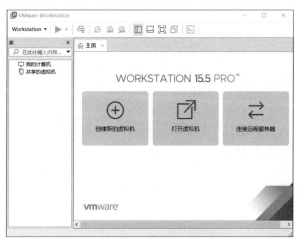

图 1-4 创建新的虚拟机

选择"典型"单选按钮,单击"下一步"按钮,如图 1-5 所示。

选择"稍后安装操作系统"单选按钮,单击"下一步"按钮,如图 1-6 所示。

图 1-5　典型安装

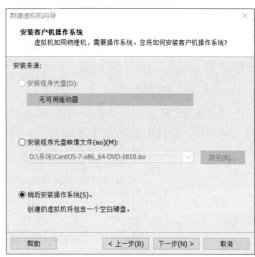
图 1-6　稍后安装操作系统

选择"Linux"单选按钮,选择 CentOS 7 64 位版本,单击"下一步"按钮,如图 1-7 所示。

输入虚拟机名称,指定虚拟机所在位置,单击"下一步"按钮,如图 1-8 所示。

图 1-7　选择操作系统和版本

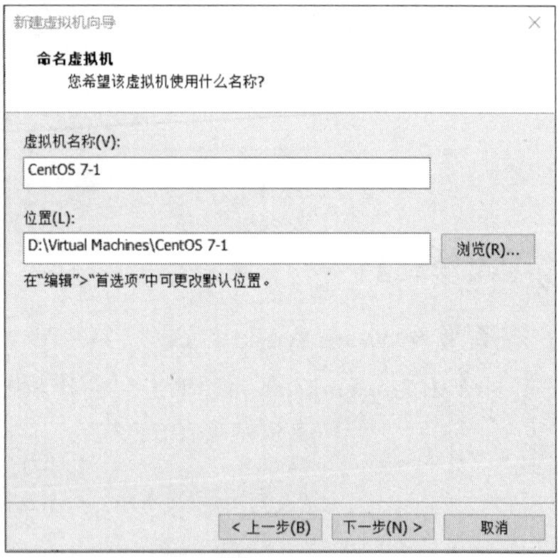

图 1-8　填写名称和指定位置

为虚拟机指定磁盘容量,单击"下一步"按钮,如图 1-9 所示。

确认准备创建虚拟机的信息,单击"完成"按钮,如图 1-10 所示。

编辑虚拟机设置,如图 1-11 所示。

单击"CD/DVD(IDE)"选项,选择"使用 ISO 映像文件"单选按钮,路径指向 CentOS 7 的 ISO 路径,单击"确定"按钮,如图 1-12 所示。

单元 ① Linux 系统安装与使用

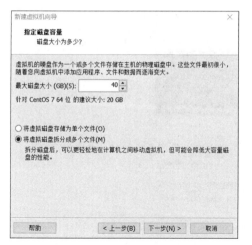

图 1-9 虚拟机指定磁盘容量

图 1-10 确认信息

图 1-11 编辑虚拟机设置

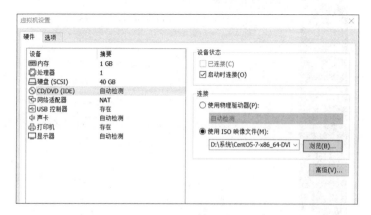

图 1-12 选择路径

单击"开启此虚拟机"按钮,开始 CentOS 7 的安装,如图 1-13 所示。

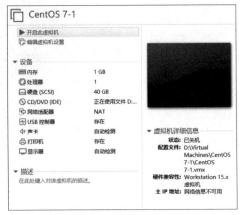

图 1-13　开始安装 CentOS 7

2. 安装 CentOS 操作系统

用光盘成功引导系统，会出现 CentOS 系统的安装界面，如图 1-14 所示。

图 1-14　CentOS 系统的安装界面

此处安装的操作系统为常见的 CentOS 7 系列操作系统，在该界面中按【↑】键选择"Install CentOS 7"选项，然后按【Enter】键，进入语言选择界面，如图 1-15 所示。

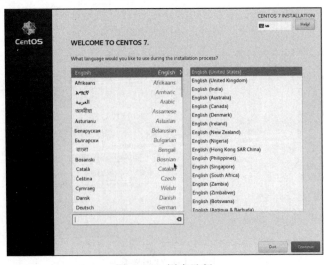

图 1-15　语言选择

单元 ① Linux 系统安装与使用

在选择语言界面，默认使用英语，单击"Continue"按钮，进入下一步操作，如图 1-16 所示。在安装选项界面，默认选择"Minimal install"（最小化安装）的方式，然后单击"INSTALLATION DESTINATION"按钮。

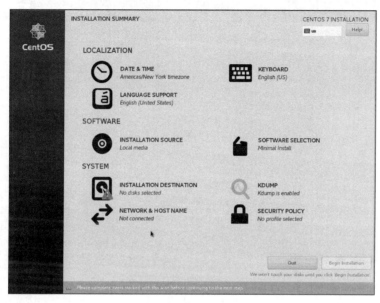

图 1-16　安装概要

如图 1-17 所示，在当前界面，有两个磁盘供选择，第一个是 RAID 1 磁盘阵列，第二个是大小为 28.82 GB 的磁盘（插在服务器上的 U 盘）。选择第一个硬盘并选中"I will configure partitioning"单选按钮，然后单击左上方"Done"按钮，进入手动分区界面。

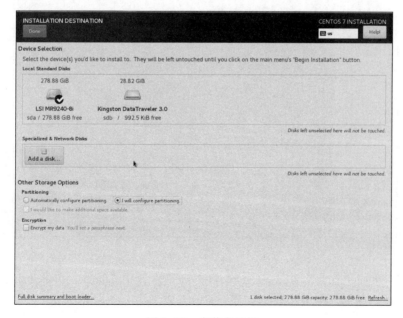

图 1-17　安装盘选择

单击"Click here to create them automatically"超链接自动创建分区，如图 1-18 所示，创建完成效果如图 1-19 所示。

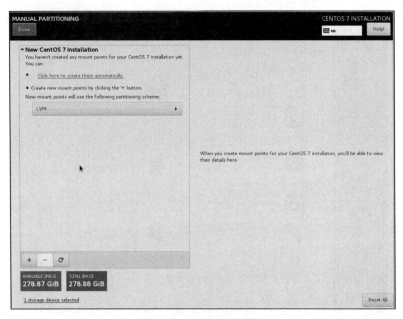

图 1-18　自动创建分区

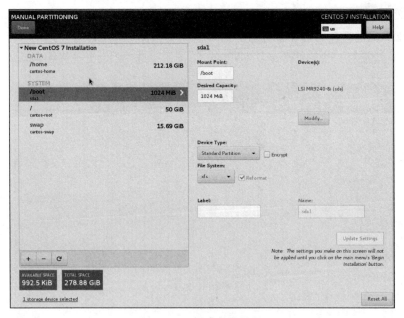

图 1-19　创建完成效果

可以删除"/home"分区，并把"/"（根分区）扩大，选中"/home"分区并单击左下方"-"按钮，删除分区。调整"/"分区为 200 GB，如图 1-20 所示。

单元 ① Linux 系统安装与使用

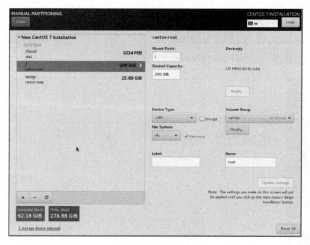

图 1-20　调整分区

调整完分区后，单击"Done"按钮进行确认，在弹出框中单击"Accept Changes"按钮，确认完成分区配置，如图 1-21 所示。

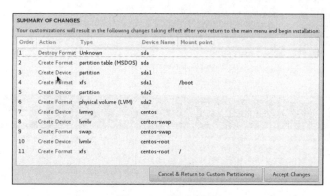

图 1-21　更改概要

配置完分区，单击"Begin Installation"按钮开始安装系统，如图 1-22 所示。

图 1-22　开始安装系统

15

如图 1-23 所示，在安装界面，需要配置 ROOT 用户的密码，单击"ROOT PASSWORD"按钮设置 ROOT 用户的密码，设置密码为 000000（在实际生产环境中建议设置复杂密码）。单击两次"Done"按钮保存退出，如图 1-24 和图 1-25 所示。

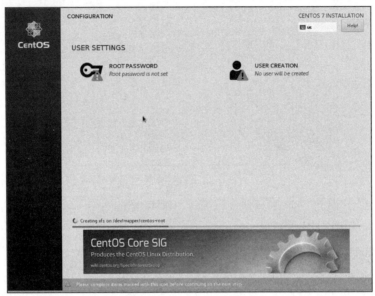

图 1-23　配置用户和密码

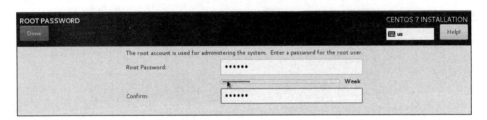

图 1-24　设置密码

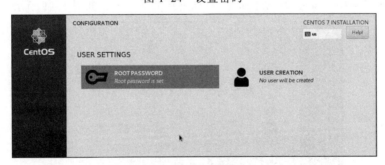

图 1-25　配置完成

当系统安装完毕后，会弹出"Reboot"按钮，如图 1-26 所示，单击"Reboot"按钮，重启操作系统。

在当前界面等待一段时间后，进入 Linux 操作系统界面，如图 1-27 所示。

在操作系统登录界面，使用用户名（root）和密码（000000）登录操作系统，登录后如图 1-28 所示。

单元① Linux 系统安装与使用

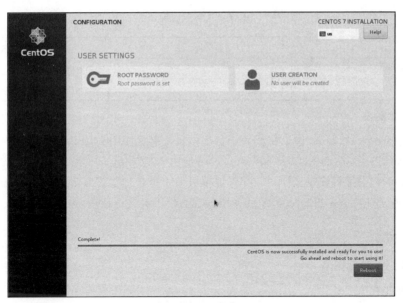

图 1-26　重启

```
CentOS Linux 7 (Core)
Kernel 3.10.0-862.el7.x86_64 on an x86_64

localhost login:
```

图 1-27　Linux 操作系统界面

```
CentOS Linux 7 (Core)
Kernel 3.10.0-862.el7.x86_64 on an x86_64

localhost login: root
Password:
[root@localhost ~]#
```

图 1-28　登录操作系统

至此，操作系统安装完毕。

任务 1.2　PXE+Kickstart 批量部署系统

任务描述

本任务主要介绍使用 PXE+Kickstart 工具制作母机，并使用该母机批量部署操作系统。在日常工作中，经常会出现面对大量设备需要安装操作系统的情况，所以掌握批量安装操作系统是一个合格工程师必备的技能。本任务从搭建 PXE 基础环境、编写 Kickstart 启动文件到批量部署实践等内容，较全面地介绍批量部署操作系统的方式与方法，旨在让读者快速掌握该项技能。

任务分析

该任务需要至少两台虚拟机进行实验，一台作为 PXE 的母机，另一台作为需要安装操作系统的机器，具体规划如下。

1. 节点规划

使用 PXE+Kickstart 完成批量部署的节点规划见表 1-3。

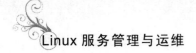

表 1-3 节点规划

IP	主 机 名	节 点
192.168.200.30	pxe	PXE 母机
192.168.200.31	localhost	需要安装操作系统的机器

2. 环境准备

使用 VMware Workstation 最小化安装一台虚拟机，配置使用 1vCPU/2 GB 内存/40 GB 硬盘，镜像使用 CentOS-7-x86_64-DVD-1804.iso，网络使用 NAT 模式，并将 NAT 模式的网段配置成 192.168.200.0/24。虚拟机安装完毕后，配置虚拟机 IP（可自行配置 IP 地址，此处配置的地址为 192.168.200.30 和 192.168.200.31），最后使用远程连接工具进行连接。

任务实施

1. 安装 PXE 基础环境

（1）基础配置

设置虚拟机主机名为 pxe，命令如下：

```
[root@localhost ~]# hostnamectl set-hostname pxe
```

修改完主机名后重新连接主机生效。然后关闭虚拟机的防火墙和 SELinux 服务，命令如下：

```
[root@pxe ~]# systemctl stop firewalld
[root@pxe ~]# setenforce 0
```

（2）配置 yum 源

将 CentOS-7-x86_64-DVD-1804.iso 镜像上传到虚拟机的/root 目录下，并挂载到/mnt 目录，编写本地 local.repo 文件配置 yum 源，local.repo 文件内容如下：

```
[centos]
name=centos
baseurl=file:///mnt
gpgcheck=0
enabled=1
```

使用命令检查 yum 源是否配置成功，命令如下：

```
[root@pxe ~]# yum repolist
Loaded plugins: fastestmirror
Loading mirror speeds from cached hostfile
repo id          repo name            status
centos           centos               3,971
repolist: 3,971
```

看到 repolist 的数量为 3971 即为成功。

（3）安装 TFTP 服务

安装 TFTP 服务，命令如下（TFTP 服务默认由 xinetd 服务进行管理）：

```
[root@pxe ~]# yum install -y tftp-server xinetd
......
忽略输出
......
Installed:
```

```
  tftp-server.x86_64 0:5.2-22.el7
  xinetd.x86_64 2:2.3.15-13.el7

Complete!
```

修改 TFTP 服务的配置文件/etc/xinetd.d/tftp：

```
service tftp
{
    socket_type         = dgram
    protocol            = udp
    wait                = yes
    user                = root
    server              = /usr/sbin/in.tftpd
    server_args         = -s /var/lib/tftpboot
    disable             = no         #此处的 yes 改为 no
    per_source          = 11
    cps                 = 100 2
    flags               = IPv4
}
```

修改完之后保存退出文件。

启动 TFTP 服务并设置开机自启，命令如下：

```
[root@pxe ~]# systemctl start tftp
[root@pxe ~]# systemctl enable tftp
Created symlink from /etc/systemd/system/sockets.target.wants/tftp.socket to /usr/lib/systemd/system/tftp.socket.
```

启动 xinetd 服务并设置开机自启，命令如下：

```
[root@pxe ~]# systemctl start xinetd
[root@pxe ~]# systemctl enable xinetd
```

（4）DHCP 服务配置与启动

安装 DHCP 服务，命令如下：

```
[root@pxe ~]# yum install dhcp
... ...
忽略输出
... ...
Installed:
  dhcp.x86_64 12:4.2.5-68.el7.centos

Complete!
```

修改 DHCP 服务的配置文件/etc/dhcp/dhcpd.conf，将配置文件的内容全部删除，添加如下字段：

```
default-lease-time 600;
max-lease-time 7200;
log-facility local7;
subnet 192.168.200.0 netmask 255.255.255.0 {
    #根据实际填写 subnet 和 netmask,此处网段是 192.168.200.0,掩码是 255.255.255.0
    range 192.168.200.100 192.168.200.200;
    #设置 DHCP 的地址段,此处从 192.168.200.100-192.168.200.200
    option routers 192.168.200.30;
```

```
        #设置route，此处需要写宿主机的地址192.168.200.30
        filename "pxelinux.0";
    #指定要下载PXE引导程序的文件
}
```

启动DHCP服务并设置开机自启，命令如下：

```
[root@pxe dhcp]# systemctl start dhcpd
[root@pxe dhcp]# systemctl enable dhcpd
Created symlink from /etc/systemd/system/multi-user.target.wants/dhcpd.service to /usr/lib/systemd/system/dhcpd.service.
```

（5）准备Linux内核

进入/mnt/images/pxeboot目录下，查看目录中的内容，命令如下：

```
[root@pxe ~]# cd /mnt/images/pxeboot/
[root@pxe pxeboot]# ll
total 57734
-rw-r--r--. 1 root root  52893200 May  3 2018 initrd.img
-r--r--r--. 1 root root       441 May  3 2018 TRANS.TBL
-rwxr-xr-x. 1 root root   6224704 Apr 20 2018 vmlinuz
```

将initrd.img和vmlinuz两个文件复制到TFTP服务的默认共享路径下，命令如下：

```
[root@pxe pxeboot]# cp initrd.img /var/lib/tftpboot/
[root@pxe pxeboot]# cp vmlinuz /var/lib/tftpboot/
```

进入/mnt/isolinux/目录，查看目录中的内容，命令如下：

```
[root@pxe ~]# cd /mnt/isolinux/
[root@pxe isolinux]# ll
total 58102
-r--r--r--. 1 root root      2048 May  3 2018 boot.cat
-rw-r--r--. 1 root root        84 May  3 2018 boot.msg
-rw-r--r--. 1 root root       281 May  3 2018 grub.conf
-rw-r--r--. 1 root root  52893200 May  3 2018 initrd.img
-rw-r--r--. 1 root root     24576 May  3 2018 isolinux.bin
-rw-r--r--. 1 root root      3032 May  3 2018 isolinux.cfg
-rw-r--r--. 1 root root    190896 Nov  5 2016 memtest
-rw-r--r--. 1 root root       186 Sep 30 2015 splash.png
-r--r--r--. 1 root root      2215 May  3 2018 TRANS.TBL
-rw-r--r--. 1 root root    152976 Nov  5 2016 vesamenu.c32
-rwxr-xr-x. 1 root root   6224704 Apr 20 2018 vmlinuz
```

将boot.msg和vesamenu.c32文件复制到TFTP服务的默认共享路径下，命令如下：

```
[root@pxe isolinux]# cp boot.msg /var/lib/tftpboot/
[root@pxe isolinux]# cp vesamenu.c32 /var/lib/tftpboot/
```

（6）准备PXE引导程序

安装syslinux服务（PXE引导程序由syslinux服务提供），命令如下：

```
[root@pxe ~]# yum install syslinux -y
......
忽略输出
......
Installed:
  syslinux.x86_64 0:4.05-13.el7
```

```
Dependency Installed:
  mtools.x86_64 0:4.0.18-5.el7

Complete!
```
PXE 引导文件 pxelinux.0 在/usr/share/syslinux/目录下,将该文件复制到 TFTP 服务的默认共享目录,命令如下:

```
[root@pxe ~]# cp /usr/share/syslinux/pxelinux.0 /var/lib/tftpboot/
```
此时,查看 TFTP 的共享目录应该存在五个文件,命令如下:

```
[root@pxe ~]# ll /var/lib/tftpboot/
total 57920
-rw-r--r--. 1 root root       84 Jul 28 07:27 boot.msg
-rw-r--r--. 1 root root 52893200 Jul 28 06:58 initrd.img
-rw-r--r--. 1 root root    26764 Jul 28 06:59 pxelinux.0
-rw-r--r--. 1 root root   152976 Jul 28 07:30 vesamenu.c32
-rwxr-xr-x. 1 root root  6224704 Jul 28 06:58 vmlinuz
```

(7) FTP 服务配置与启动

在使用 PXE 进行批量安装时,最后一步需要去文件共享服务器(http/ftp/nfs)中下载 RPM 包开始安装系统,此处使用的是 FTP 服务,安装 FTP 服务的命令如下:

```
[root@pxe ~]# yum install vsftpd -y
...... ......
忽略输出
...... ......
Installed:
  vsftpd.x86_64 0:3.0.2-22.el7

Complete!
```
首先在 FTP 默认共享路径下创建 centos7 目录,命令如下:

```
[root@pxe ~]# cd /var/ftp/
[root@pxe ftp]# mkdir centos7
```
将原本挂载在/mnt 目录下的 ISO 镜像挂载至/var/ftp/centos7 目录(该操作的意义是 PXE Client 节点安装的操作系统是 CentOS 7.5 版本),可以使用如下命令:

```
[root@pxe ftp]# mount /dev/loop0 /var/ftp/centos7/
mount: /dev/loop0 is write-protected, mounting read-only
```
启动 FTP 服务并设置开机自启,命令如下:

```
[root@pxe ~]# systemctl start vsftpd
[root@pxe ~]# systemctl enable vsftpd
Created symlink from /etc/systemd/system/multi-user.target.wants/vsftpd.service to /usr/lib/systemd/system/vsftpd.service.
```

(8) 配置启动文件

在 TFTP 服务的共享目录下,创建 pxelinux.cfg 子目录,并在该目录下创建 default 文件,命令如下:

```
[root@pxe ~]# cd /var/lib/tftpboot/
[root@pxe tftpboot]# mkdir /var/lib/tftpboot/pxelinux.cfg
```

```
[root@pxe tftpboot]# cd pxelinux.cfg/
[root@pxe tftpboot]# touch default
```

编辑 default 文件,该文件为 PXE 的启动文件,在该文件中添加如下内容:

```
default vesamenu.c32        #该文件在 TFTP 的默认共享目录
display boot.msg            #该文件在 TFTP 的默认共享目录
timeout 50                  #等待时间为 5 秒
label centos7.5
  menu label ^Install CentOS 7.5
  menu default
  kernel vmlinuz            #该文件在 TFTP 的默认共享目录
  append initrd=initrd.img ks=ftp://192.168.200.30/centos7.5_ks.cfg
#需要将 cfg 文件放到 ftp 共享路径下,cfg 文件还未创建,后面的步骤会创建该 cfg 文件
```

至此。PXE 服务的所有服务和配置均安装和修改完毕,接下来需要创建 cfg 文件,使安装操作系统可以自动化。(若只配置 PXE 服务,那么 PXE Client 可以从网络进行引导,但是安装操作系统,包括选择语言、分区、设置密码等还需要手动操作;如果配置了 Kickstart 文件,即 cfg 文件,则安装操作系统时可以无人值守,自动化安装。)

2. 编写 Kickstart 文件

因为在 default 启动文件中已经写了 cfg 文件的下载路径与文件名称,所以在 FTP 服务的默认共享路径下创建 centos7.5_ks.cfg 文件,并按照如下内容配置:

```
[root@pxe ~]# vi /var/ftp/centos7.5_ks.cfg
[root@pxe ~]# cat /var/ftp/centos7.5_ks.cfg
#platform=x86, AMD64, or Intel EM64T
#version=DEVEL
# Firewall configuration 确定安装的系统是否要开启防火墙,此处选择是
firewall --enabled
# Install OS instead of upgrade
# 确定是安装、替换还是升级系统,此处是安装系统
install
# Use network installation 此处是 CentOS 7.5 系统的 FTP 服务地址
url --url=ftp://192.168.200.30/centos7/
# Root password 设置密码为 000000
rootpw 000000
#rootpw --iscrypted $1$chengran$TeFFyqRQPsPrXHmzhQxPm/
# System authorization information
auth  --useshadow  --enablemd5
# Use graphical install
graphical
firstboot --enabled
# System keyboard 设置键盘类型
keyboard us
# System language 设置语言
lang en_US
# SELinux configuration 设置 SELinux 状态
selinux --enforcing
# Installation logging level
logging --level=info
# Reboot after installation 确定安装完之后是否重启
```

```
reboot
# System timezone 设置系统时区
timezone Asia/Shanghai
# Network information 网络信息
network  --bootproto=dhcp --device=ens33 --onboot=yes --noipv6
# System bootloader configuration
bootloader --append="rhgb quiet" --location=mbr

# Partition clearing information
clearpart --all --initlabel
# Disk partitioning information 设置系统分区
part /boot --fstype="ext4" --size=200
part swap --fstype="swap" --size=1000
part / --fstype="ext4" --size=20000
%pre #安装过程开始之前执行的脚本；能够执行的操作较少，因为是简洁版的 shell 环境
# set welcom info
%end
%post #所有软件包安装完成之后执行的脚本；由于此时系统已安装完成，所以是完整的 shell 环境
%end

%packages --nobase  #所有软件包安装完成之后执行安装的包
openssh-server
openssh-clients
wget
%end
```

编辑好 cfg 文件后，当 PXE Client 每次以 PXE 方式引导时，将自动下载 cfg 应答配置文件，然后根据其中的设置安装 CentOS 操作系统。

3. 批量部署实践

（1）VMWare 新建虚拟机

使用 VMWare Workstation 软件新建一台虚拟机，操作步骤如下：

① 使用典型（推荐）配置。

② 选择稍后安装操作系统。

③ 选择客户机操作系统为 Linux，版本为 CentOS 7 64 位。

④ 虚拟机名称可以自行填写，此处使用默认的 CentOS 7 64 位。

指定磁盘大小为 30 GB，并选择将磁盘存储为单个文件；（此处磁盘大小为 30 GB，因为在 cfg 文件中，写了根分区分配 20 GB，boot 分区 200 MB，SWAP 分区 1 GB，所以此处系统应该要大于 22 GB，故分给系统 30 GB 硬盘。在实际使用 PXE 安装操作系统时，cfg 文件中的参数需要根据实际物理服务器硬盘大小进行填写。）

⑤ 在自定义硬件处，确保网卡使用的是 NAT 网卡，将内存调整为 2 GB，然后确定配置。这样一台还未安装操作系统的虚拟机就创建完成了。

（2）PXE 引导安装

选中刚才创建的虚拟机，单击"开启此虚拟机"按钮，系统会默认从网络进行引导，如图 1-29 所示。

```
Network boot from Intel E1000
Copyright (C) 2003-2018  VMware, Inc.
Copyright (C) 1997-2000  Intel Corporation

CLIENT MAC ADDR: 00 0C 29 48 15 21   GUID: 564DDAE0-FBB2-8F0C-8A7E-3E0122481521
DHCP._
```

图 1-29　引导

等待几秒后，会进入选择安装界面，如图 1-30 所示。

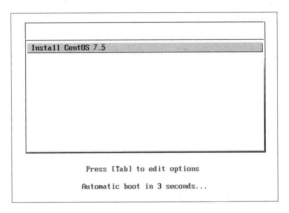

图 1-30　选择安装界面

因为在 default 文件中，只写了 Install CentOS 7.5，而且等待时间为 50 s。在等待过后，会自动安装系统，所有需要配置的内容在 cfg 文件中已配置完毕，只需等待系统的安装。系统安装界面如图 1-31 所示。

图 1-31　系统安装界面

等待一段时间，安装完成后系统会自动重启（在 cfg 文件中配置了 reboot），重启后进入系统登录界面，如图 1-32 所示。

可以使用 cfg 配置文件中设置的用户名：root；密码：000000 进行登录，登录后如图 1-33

所示。

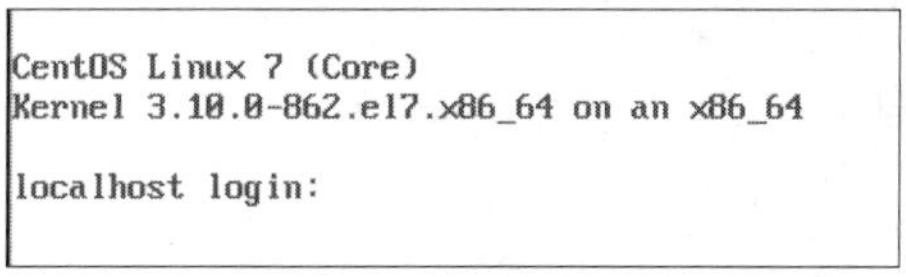

```
CentOS Linux 7 (Core)
Kernel 3.10.0-862.el7.x86_64 on an x86_64

localhost login:
```

图 1-32　登录界面

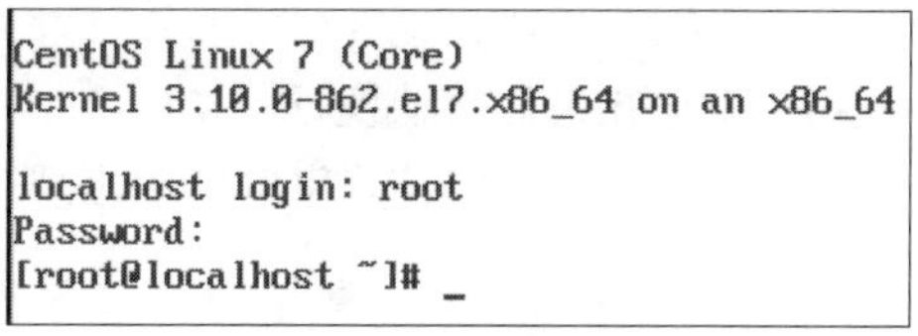

```
CentOS Linux 7 (Core)
Kernel 3.10.0-862.el7.x86_64 on an x86_64

localhost login: root
Password:
[root@localhost ~]#
```

图 1-33　登录用户

至此，使用 PXE+Kickstart 自动部署操作系统实验完毕，若要进行批量部署，将每一台需要安装操作系统的服务器开机时选择从网络引导即可（注意：需要安装系统的服务器需要与 PXE 母机在同一网络中）。使用这种方式进行批量部署服务器操作系统，大大减小了工作量。

任务 1.3　使用 CentOS 系统

任务描述

本任务主要介绍 CentOS 系统的简单使用，任务从 Linux 常用的工作命令、Linux 用户管理命令、Linux 进程及系统服务管理命令、Linux 软件包管理命令四个方面介绍 Linux 操作系统命令的使用。本节任务旨在让读者快速掌握 Linux 操作系统的使用与管理。

任务分析

该任务需要一台虚拟机进行实验，具体规划如下。

1. 节点规划

使用 CentOS 操作系统节点规划见表 1-4。

表 1-4　节点规划

IP	主机名	节点
192.168.200.32	localhost	CentOS 操作系统节点

2. 环境准备

使用 VMware Workstation 最小化安装一台虚拟机，配置使用 1vCPU/ 2GB 内存/40 GB 硬盘，镜像使用 CentOS-7-x86_64-DVD-1804.iso，网络使用 NAT 模式，并将 NAT 模式的网段配置成 192.168.200.0/24。虚拟机安装完毕之后，配置虚拟机 IP（可自行配置 IP 地址，此处配置的地址为 192.168.200.32），最后使用远程连接工具进行连接。

任务实施

1. 常用系统工作命令

（1）echo 命令

echo 命令用于输出指定的字符串或者变量。该命令的一般语法格式为：

```
echo  [选项]  [字符串 | $变量]
```

字符串可加引号，也可不加引号，加引号时，将字符串原样输出，不加引号时，将字符串中的各个单词作为字符串输出,各字符串之间用一个空格分隔。

常用选项及功能:

-n:不要在最后自动换行。

-e:激活转义字符,若字符串中出现表 1-5 中所列字符时,则加以特别处理,而不会将作为一般文字输出。

表 1-5 转义字符

字 符	描 述	字 符	描 述
\a	发出警告声	\n	换行,且光标移至行首
\b	退格(删除前一个字符)	\r	光标移至行首,但不换行
\c	最后不加换行符号	\t	插入 Tab
\f	换行但光标仍旧留在原位置	\v	与\f 相同
\\	插入\字符	\nnn	插入 nnn(八进制)代表的 ASCII 字符

--help:显示帮助。

--version:显示版本信息。

(2) date 命令

date 命令用于显示或设置系统时间与日期,语法格式为:

`date [选项] [+格式参数]`

常用选项及功能:

-d, --date=STRING:解析字符串并按照指定格式输出,字符串不能是'now'。

-r, --reference=FILE:显示文件的上次修改时间。

-s, --set=STRING:根据字符串设置系统时间。

-u, --utc, --universal:显示或设置协调世界时(UTC)。

--help:显示帮助信息并退出。

--version:显示版本信息并退出。

使用"+"号开始的参数用来指定时间格式,常用的格式参数见表 1-6。

表 1-6 时间格式

格式参数	描 述	格式参数	描 述
%t	Tab 键	%M	分(00~59)
%Y	年份	%S	秒(00~59)
%m	月份	%j	今年的第几天
%d	日(当月第几天)	%Z	以字符串形式输出当前时区
%H	小时(24 小时格式,0~23)	%z	以数字形式输出当前时区
%I	小时(12 小时格式,1~12)		

只有取得权限的用户(如 root)才能设定系统时间。当以 root 身份更改了系统时间之后,使用 clock -w 命令将系统时间写入 CMOS 中,下次重新开机时系统时间才会保持最新的值。

(3) reboot 命令

重新启动正在运行的 Linux 操作系统,使用 reboot 命令需要 root 权限。语法格式为:

```
reboot [选项]
```
常用选项及功能：

-d：重新开机时不把数据写入记录文件/var/tmp/wtmp，具有-n 参数效果。

-f：强制重新开机，不调用 shutdown 指令的功能。

-i：在重开机之前，先关闭所有网络界面。

-n：重开机之前不检查是否有未结束的程序。

-w：仅做测试，并不真正将系统重新开机，只会把重开机的数据写入/var/log 目录下的 wtmp 记录文件。

（4）poweroff 命令

关闭 Linux 系统，关闭记录会被写入/var/log/wtmp 日志文件中，使用该命令也需要 root 权限。语法格式为：

```
poweroff [选项]
```
常用选项及功能：

-n：关闭之前不同步。

-p：关闭电源。

-v：增加输出，包括消息。

-q：降低输出错误唯一的消息。

-w：并不实际关闭系统，只是写入/var/log/wtmp 文件中。

-f：强制关机，不调用 shutdown。

（5）shutdown 命令

用来执行系统关机命令，shutdown 指令可以关闭所有程序，并依用户的需要，进行重新开机或关机操作，也需要 root 权限。语法格式为：

```
shutdown [选项] [参数]
```
常用选项及功能：

-c：取消已经在进行的 shutdown 指令内容。

-h：关机。

-k：只是送出信息给所有用户，但不会实际关机。

-r：shutdown 之后重新启动。

-n：不调用 init 程序进行关机，而由 shutdown 自己进行。

-t<秒数>：送出警告信息和删除信息之间要延迟多少秒。

参数有[时间]和[警告信息]，时间参数表示设置多久时间后执行 shutdown 指令；警告信息参数是指要传送给所有登录用户的信息。

例如，指定立即关机：

```
[root@localhost ~]# shutdown -h now
```

例如，指定 12:00 关机：

```
[root@localhost ~]# shutdown -h 12:00
```

例如，指定 5 分钟后关机，并发出警告信息，输入命令：

```
shutdown +5 "This system will be shutdown in 5 minutes."
```

上述命令将显示关机警告信息。输入 shutdown –c 命令将中断关机指令，结果如图 1-34 所示。

```
[root@localhost ~]# shutdown +5 "This system will be shutdown in 5 minutes."
Shutdown scheduled for Fri 2021-01-29 18:56:13 EST, use 'shutdown -c' to cancel.
[root@localhost ~]#
Broadcast message from root@localhost.localdomain (Fri 2021-01-29 18:51:13 EST):

This system will be shutdown in 5 minutes.
The system is going down for power-off at Fri 2021-01-29 18:56:13 EST!

shutdown -c

Broadcast message from root@localhost.localdomain (Fri 2021-01-29 18:51:34 EST):

The system shutdown has been cancelled at Fri 2021-01-29 18:52:34 EST!
```

图 1-34 使用 shutdown 命令

（6）halt 命令

关闭正在运行的系统，语法格式为：

halt [选项]

常用选项及功能：

–d：不要在 wtmp 中记录。

–f：不论目前的 runlevel 为何，不调用 shutdown 即强制关闭系统。

–i：在 halt 之前，关闭全部网络界面。

–n：在 halt 之前，不用先执行 sync。

–p：在 halt 之后，执行 poweroff。

–w：仅在 wtmp 中记录，而不实际结束系统。

（7）wget 命令

wget 命令用来从指定的 URL 下载文件。wget 非常稳定，它在带宽很窄的情况下和不稳定网络中有很强的适应性，如果是由于网络的原因下载失败，wget 会不断地尝试，直到整个文件下载完毕。

语法格式为：

wget [选项] [下载地址 URL]

常用选项及功能：

–b：后台方式运行 wget。

–c：断点续传，继续执行上次终端的任务。

–r：递归下载方式。

–o：下载文件到对应目录，并且修改文件名称。

–p：下载所有用于显示 HTML 页面的图片之类的元素。

例如，通过网络下载一个文件并保存在当前目录：

[root@localhost ~]# wget http://10.24.1.82/cloud/Course.sql

例如，使用 wget –O 下载并以不同的文件名保存：

[root@localhost ~]# wget -O wordpress.zip http://10.24.1.82/primary/ wordpress-4.7.3-zh_CN.zip

例如，使用 wget –b 命令进行后台下载：

[root@localhost ~]# wget -b http://10.24.1.82/primary/lvm.tar.gz

例如，设定尝试次数：

```
[root@localhost ~]# wget -r --tries=2 www.baidu.com
```

（8）ps 命令

ps 命令用于查看当前系统的进程状态，语法格式为：

```
ps [选项] [--help]
```

常用选项及功能：

-a：列出所有进程。

-w：显示加宽，可以显示较多信息。

-u：显示以用户为主的进程状态。

-x：显示没有控制终端的进程。

-au：显示较详细的资讯。

-aux：显示所有包含其他使用者的进程。

输出格式选项：

-l：较长、较详细地将信息列出。

-f：更完整的输出。

-j：以工作格式输出。

（9）kill 命令

终止某个指定的 PID 的服务进程，语法格式为：

```
kill [选项] [进程PID]
kill [-s signal|-p] [-a] pid …
kill -l [signal]
```

常用选项及功能：

-l：指定信号名称列表，若没有信息编号参数，则会列出所有信息名称。

-s：指定发送信号。

-p：模拟发送信号。

PID：要终止进程的 ID 号。

signal：表示信号。

（10）killall 命令

终止某个指定服务对应的全部服务进程，可以直接使用进程的名字而不是进程标识号。语法格式为：

```
killall [参数] [进程名称]
```

例如，终止所有同名进程：

```
[root@localhost ~]$ killall httpd
```

例如，终止所有登录后的 shell：

```
[root@localhost ~]$ killall -9 bash
```

> **注意**
>
> 运行 killall -9 bash 命令后，所有 bash 都会被终止，需要重新连接并登录。

2. Linux 系统用户管理

在 Linux 系统中，用户分为三类，分别是超级管理员 root、系统用户和普通用户。其中，root 用户拥有对系统的完全控制权，可以对系统本身进行任意的修改和设置，因此，在生产环境中一般不建议使用权限如此大的 root 用户登录 Linux 系统。

每个用户都拥有一个用户 ID，这也是区分用户类别的唯一标识。root 用户的 ID 为 0；系统用户的 UID 范围为 1～999；普通用户的 UID 范围为 1000～60000。

用户的属性信息都存放在/etc/passwd 文件中；用户的密码认证信息存放在/etc/shadow 文件中；用户组信息则存放在/etc/group 文件中。下面是用户管理相关命令参数详解。

（1）useradd 命令

该命令用于创建 Linux 用户账号，建立好的账号信息存放在/etc/passwd 文件中，该命令常用的参数及功能详解见表 1-7。

表 1-7　useradd 参数及功能详解

参　　数	功　　能
-d	设定用户登录时所在目录
-D	更改默认值
-e	设定用户账号的有效期限
-f	设定用户密码的有效期限
-g	设定用户所属的组群
-G	设定用户所属的附加组群
-m	自动创建用户宿主目录
-M	不自动创建用户的宿主目录
-s	设定用户的系统属性，如是否可以登录 shell
-u	设定用户的 ID

该命令的语法格式为：

`useradd [options] [用户账号]`

（2）userdel 命令

该命令用来删除用户账号及其相关用户文件。语法格式为：

`userdel [options] [用户账号]`

常用参数及功能详解见表 1-8。

表 1-8　userdel 参数及功能详解

参　　数	功　　能
-f	强制删除用户
-r	删除用户宿主目录及邮件池

（3）passwd 命令

该命令用来设定或修改用户密码。语法格式为：

`passwd [options] [用户账号]`

参数及功能见表 1-9。

（4）usermod 命令

该命令用来修改用户的属性。语法格式为：

userdel [options] [用户账号]

参数及功能详解见表 1-10。

表 1-9 passwd 参数及功能详解

参数	功能
-d	删除用户密码
-l	锁定用户账号名称
-u	解锁账户锁定状态

表 1-10 usermod 参数及功能详解

参数	功能
-d	更改用户宿主目录
-g	更改用户的主要属组
-G	设定用户属于哪些组
-s	更改用户的 shell
-u	更改用户的 uid

（5）groupadd、groupdel 和 groupmod 命令

使用这 3 个命令可对用户组进行相关操作。命令格式为：

```
groupadd  [options]   组名
groupdel  [options]   组名
groupmod  [options]   组名
```

（6）who、id 和 whoami 命令

使用这 3 个命令可进行用户查询。

① who：查询并报告当前系统中登录的所有用户。

② whoami：显示当前终端上的用户名。

③ id：显示用户的 id 信息。

（7）用户命令实战

使用 useradd 命令分别添加 jack、mary 和 jones 三个用户，其中添加 jones 用户时不创建该用户的宿主目录；使用 passwd 命令设置三个用户的密码分别为 123、456 和 789；修改 jones 的用户属性为不允许登录 shell；最后删除 mary 用户及其用户目录，具体操作如下所示：

```
[root@localhost ~]# useradd jack
[root@localhost ~]# useradd mary
[root@localhost ~]# useradd -M jones
[root@localhost ~]# echo "123" | passwd --stdin jack
[root@localhost ~]# echo "456" | passwd --stdin mary
[root@localhost ~]# echo "789" | passwd --stdin jones
[root@localhost ~]# usermod -s /sbin/nologin jones
```

查看刚添加的这 3 个用户的信息：

```
[root@localhost ~]# tail -3 /etc/passwd
jack:x:1001:1001::/home/jack:/bin/bash
mary:x:1002:1002::/home/mary:/bin/bash
jones:x:1003:1004::/home/jones:/sbin/nologin
```

查看这 3 个用户的密码信息：

```
[root@localhost ~]# tail -3 /etc/shadow
```

```
    jack:$6$Wa6wMObg$5BEqpHNOiCb3V3jlvZCBQw6E5/D6P5IOrjQKPxa8wEB0wFa7rO7Urbk
y4hlEAnl8kNoWvHz8UcTlA0uhka6x3/:18618:0:99999:7:::
    mary:$6$faBDQpne$SxCzCSGHQBuCN.7AK5/v00mKDlCUZMChfjxaa8xPQOdjbrG1ppzNtn6
jBjNkHHmJ9sm.fak9LqY2yFgxpHJfD/:18618:0:99999:7:::
    jones:$6$4.8rZzHk$LZOwkKXjiN7vs33wN4CVc8AEZGp51ft1M/7zvfV7wF/RXid2t5eb93
x/GpJWXuzJBmnzu/bleSWhvVMfk3leg0:18618:0:99999:7:::
```

> **注意**
> Linux 系统在存放用户密码时，使用的是 $6（sha-512）加密算法加密的用户密码。

最后，删除 mary 用户及其宿主目录：

```
[root@localhost ~]# userdel -rf mary
```

创建 group1 和 group2 两个用户组，将 jack 添加至 group1 组中，将 jones 添加至 group2 组中：

```
[root@localhost ~]# groupadd group1
[root@localhost ~]# groupadd group2
[root@localhost ~]# usermod -G group1 jack
[root@localhost ~]# usermod -G group2 jones
```

查看当前登录用户，并切换至 jack 用户登录界面中：

```
[root@localhost ~]# whoami
root
[root@localhost ~]# who
root     pts/0        2020-12-22 15:29 (gateway)
[root@localhost ~]# su - jack
上一次登录：二 12月 22 20:58:05 CST 2020pts/0 上
[jack@localhost ~]$ who
root     pts/0        2020-12-26 15:29 (gateway)
[jack@localhost ~]$ whoami
jack
[jack@localhost ~]$
```

使用 newusers 命令批量添加用户至 Linux 系统中。首先创建包含用户信息的文件 userlists：

```
[root@localhost ~]# touch userlists
```

创建这些用户的用户密码文件 userpwd：

```
[root@localhost ~]# touch userpwd
```

修改 userlists 文件，添加内容如下所示：

```
user1:x:1005:1005::/home/user1:/sbin/nologin
user2:x:1006:1006::/home/user2:/sbin/nologin
user3:x:1007:1007::/home/user3:/sbin/nologin
user4:x:1008:1008::/home/user4:/sbin/nologin
user5:x:1009:1009::/home/user5:/sbin/nologin
```

修改密码文件，内容如下所示：

```
user1:123
user2:456
user3:789
user4:012
user5:345
```

使用 newusers 将 userlists 文件中的用户信息添加到系统中：

```
[root@localhost ~]# newusers userlists
```

执行 pwunconv 命令，解码 shadow 密码并为下一步密码的转码做准备：

```
[root@localhost ~]# pwunconv
```

使用 chpasswd 命令批量设定用户密码：

```
[root@localhost ~]# chpasswd < userpwd
```

恢复 /etc/shadow 密码文件：

```
[root@localhost ~]# pwconv
```

3. 进程及系统服务管理命令

（1）ps 命令

ps 命令的语法格式如下：

```
ps [options]
```

ps 命令可以用来监视进程，具体参数及功能详解见表 1-11。

表 1-11 ps 参数及功能详解

参　数	功　　能
a	显示所有包含终端的进程
u	显示进程所有者的信息
x	显示所有包含不连接终端的进程
p	显示进程 ID 号
e	显示所有进程
f	显示父进程
l	列表方式显示进程信息

具体样例如图 1-35 所示。

```
[root@localhost ~]# ps -aux | grep sshd
root        1051  0.0  0.4 112900  4316 ?        Ss   12月22   0:00 /usr/sbin/sshd -D
root        1325  0.0  0.7 160424  7392 ?        Ss   12月22   0:02 sshd: root@pts/0
root       63869  0.0  0.0 112780   676 pts/0    R+   02:54   0:00 grep --color=auto sshd
```

图 1-35 ps 命令样例

（2）rpm 命令

卸载软件包命令格式如下：

```
rpm -e [options] [软件包名]
```

具体参数及功能详解见表 1-12。

表 1-12 rpm 参数及功能详解

参　数	功　　能
--nodeps	不做依赖关系的检查
--noscripts	不做预安装和后安装脚本
--test	安装测试，不做实际安装/卸载

例如：

```
[root@localhost Packages]# rpm -ivh httpd-2.4.6-95.el7.centos.x86_64.rpm
```

（3）pstree 命令

该命令用于树状方式显示进程的父子关系图，如图 1-36 所示。

```
[root@localhost ~]# pstree -cp
systemd(1)─┬─NetworkManager(742)─┬─{NetworkManager}(748)
           │                     └─{NetworkManager}(751)
           ├─VGAuthService(664)
           ├─agetty(694)
           ├─anacron(63895)
           ├─auditd(642)───{auditd}(643)
           ├─chronyd(683)
           ├─crond(688)
           ├─dbus-daemon(670)───{dbus-daemon}(678)
           ├─firewalld(703)───{firewalld}(867)
           ├─lvmetad(506)
           ├─master(1227)───qmgr(1236)
           ├─polkitd(681)─┬─{polkitd}(696)
           │              ├─{polkitd}(697)
           │              ├─{polkitd}(698)
           │              ├─{polkitd}(699)
           │              ├─{polkitd}(700)
           │              └─{polkitd}(701)
           ├─rsyslogd(1049)─┬─{rsyslogd}(1056)
           │                └─{rsyslogd}(1057)
           ├─sshd(1051)───sshd(1325)───bash(1333)───su(1858)─
           ├─systemd-journal(485)
           ├─systemd-logind(669)
           ├─systemd-udevd(516)
           └─tuned(1052)─┬─{tuned}(1298)
                         └─{tuned}(1299)
```

图 1-36　pstree 命令

语法格式如下：

```
pstree [options]
```

具体参数及功能详解见表 1-13。

表 1-13　pstree 参数及功能详解

参　　数	功　　能
-a	显示每个进程的具体信息
-c	不使用精简的标示法
-h	列出树状图，并标明正在执行的进程
-p	显示进程 ID 号
-u	显示用户名
-n	使用进程名进行排序

（4）top 命令

该命令用于查看系统正在运行的进程中的 PID 号、内存占用率、CPU 占用率等信息。可以对系统进行实时的状态监控。

语法格式如下：

```
top [options]
```

样例如图 1-37 所示。

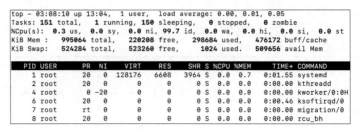

图 1-37　top 命令

具体参数及功能详解见表 1-14。

表 1-14 top 参数及功能详解

参　　数	功　　能
PID	进程 id 号
USER	进程所有者
PR	优先级
NI	值为负标示高优先级；值为正标示低优先级
VIRT	进程使用的虚拟内存总量
RES	进程使用中的物理内存量
SHR	共享内存大小
S	进程状态为睡眠
%CPU	CPU 占用百分比
%MEM	使用物理内存占用百分比
TIME+	进程使用 CPU 时间总计量
COMMAND	进程名称

（5）pidof 命令

pidof 命令会根据程序名称，找出正在运行程序的 PID 号，用于搜索进程。
语法格式如下：

```
pid [options] [程序名]
```

（6）前后台进程（command &、Ctrl+Z、fg、bg、jobs）

① 前台进程：命令执行后，独占 Shell。
② 后台进程：命令执行后，并不独占 Shell，还可以允许其他输入。

以下使用 ping 命令为例，放置后台运行，并通过 jobs 命令查看运行状态：

```
[root@localhost ~]# ping -c 10 114.114.114.114 > /dev/null 2>&1 &
[1] 63965
[root@localhost ~]# jobs
[1]+  运行中                 ping -c 10 114.114.114.114 > /dev/null 2>&1 &
[root@localhost ~]# jobs
[1]+  完成                   ping -c 10 114.114.114.114 > /dev/null 2>&1 &
```

以下代码通过不间断 ping 来掩饰前后台调度运行：

```
[root@localhost ~]# ping 114.114.114.114 > /dev/null 2>&1 &
[1] 63975
[root@localhost ~]# jobs
[1]+  运行中                 ping 114.114.114.114 > /dev/null 2>&1 &
[root@localhost ~]# fg %1
ping 114.114.114.114 > /dev/null 2>&1
^Z
[1]+  已停止                 ping 114.114.114.114 > /dev/null 2>&1
[root@localhost ~]# bg %1
[1]+ ping 114.114.114.114 > /dev/null 2>&1 &
[root@localhost ~]# jobs
[1]+  运行中                 ping 114.114.114.114 > /dev/null 2>&1 &
[root@localhost ~]# kill %1
```

```
[root@localhost ~]# jobs
[1]+  已终止               ping 114.114.114.114 > /dev/null 2>&1
```

（7）nice 命令

进程的优先级，可以用 nice 值来表示，而该命令可以用来调整程序运行的优先级，范围从 -20（最高优先级）至 19（最低优先级），默认修改值为 10。

```
[root@localhost ~]# nice
0
[root@localhost ~]# nice nice
10
[root@localhost ~]# nice nice nice
19
```

（8）nohup 命令

该命令可以让程序在后台无输出地进行运行，以守护进程方式运行程序。

语法格式如下：

```
nohup [command] [&]
```

例如，将 ping 程序放置在后台运行，并在终端界面上不显示任何输出：

```
[root@localhost ~]# nohup          //忽略输入并把输出追加到"nohup.out"
[root@localhost ~]# jobs
[1]+  运行中              nohup ping 114.114.114.114 &
```

（9）systemctl 命令

该命令可以控制系统或服务管理器的运行状态。

语法格式如下：

```
systemctl [options] [服务名]
```

具体参数及功能详解见表 1-15。

图 1-15 systemctl 参数及功能详解

参数	功能
start	启动服务进程
restart	重启服务进程
stop	停止服务进程
reload	重新读取服务配置
status	输出服务进程运行状态
enable	添加服务至系统启动服务中
disable	取消服务随系统启动

使用 systemctl 命令重启和查看网络服务：

```
[root@localhost ~]# systemctl restart network.service    //重启网络服务
[root@localhost ~]# systemctl status network.service     //查看网络服务运行状态
```

（10）系统日志

系统日志主要用于记录系统运行中出现的各种信息，当系统或服务发生故障时，可以通过调阅日志来帮助分析和解决故障问题。

在 CentOS 7 中，日志文件一般位于 /var/log 目录中，常见的系统日志主要有：/var/log/messages

和/var/log/secure。

① /var/log/messages：主要核心系统的日志文件，包含所有系统运行产生的消息记录。

② /var/log/secure：主要用于记录安全相关的信息，包含用户登录信息和远程访问信息等。

（11）xfsdump 和 xfsrestore 命令

xfsdump 命令用于对文件系统进行备份操作。

语法格式如下：

```
xfsdump [options] [系统文件或目录]
```

具体参数及功能详解见表 1-16。

表 1-16 xfsdump 参数及功能详解

参　　数	功　　能
-L	文件备份的说明
-M	存储媒介的说明
-l	指定备份等级，0 为默认级，即完全备份
-f	指定备份后生成的文件名
-I	列出备份的信息状态

一般来说，备份可以分为以下三种模式：

① 完全备份：对某一时间点上的所有数据进行完整备份，包括文件系统和所有数据。

② 增量备份：在第一次完全备份的基础上，分别记录每次的变化。

③ 差异备份：在第一次完全备份的基础上，记录最新时间下数据较第一次完全备份的差异。

例如，将 boot 分区进行备份操作：

```
[root@localhost ~]# xfsdump -l 0 -L bootall -M bootall -f /tmp/boot.dump /boot
xfsdump: using file dump (drive_simple) strategy
xfsdump: version 3.1.7 (dump format 3.0) - type ^C for status and control
xfsdump: level 0 dump of localhost.localdomain:/boot
xfsdump: dump date: Wed Dec 23 05:13:59 2020
xfsdump: session id: 5af677ca-a215-4fb0-b23b-3c4d2037deee
xfsdump: session label: "bootall"
xfsdump: ino map phase 1: constructing initial dump list
xfsdump: ino map phase 2: skipping (no pruning necessary)
xfsdump: ino map phase 3: skipping (only one dump stream)
xfsdump: ino map construction complete
xfsdump: estimated dump size: 101495168 bytes
xfsdump: creating dump session media file 0 (media 0, file 0)
xfsdump: dumping ino map
xfsdump: dumping directories
xfsdump: dumping non-directory files
xfsdump: ending media file
xfsdump: media file size 101513592 bytes
xfsdump: dump size (non-dir files) : 101482456 bytes
xfsdump: dump complete: 0 seconds elapsed
xfsdump: Dump Summary:
xfsdump:   stream 0 /tmp/boot.dump OK (success)
xfsdump: Dump Status: SUCCESS
```

xfsrestore 命令：该命令用于系统还原。

```
[root@localhost ~]# xfsrestore -f /tmp/boot.dump -L bootall /boot
```

（12）服务与进程命令实战

查看 sshd 服务进程相关信息

```
[root@localhost ~]# ps -aux | grep sshd
Root   1051  0.0  0.4  112900  4148 ?      Ss   12月22   0:00 /usr/sbin/sshd -D
root   1325  0.0  0.7  160424  7152 ?      Ss   12月22   0:03 sshd: root@pts/0
root   64660 0.0  0.0  112824  976  pts/0  R+   05:26    0:00 grep --color=auto sshd
```

定时在指定时间，在后台运行 ping 命令：

```
[root@localhost ~]# at 08:00 12/23/2020
at> ping 114.114.114.114 /dev/null 2>&1 &
at> ctrl+d
job 3 at Wed Dec 23 08:00:00 2020
```

每天晚上 11 点开始，将/tmp 目录中的内容备份至/home/jack/bak 目录中：

```
[root@localhost ~]# crontab -e
0 23 * * * cp -p /tmp/* /home/jack/bak
```

配置日志服务器用于接收客户端的日志文件，在服务端编辑/etc/rsyslog.conf 文件，取消注释 19~20 行内容。

```
[root@localhost ~]# vim /etc/rsyslog.conf
19 $ModLoad imtcp
20 $InputTCPServerRun 514
#设定允许接收的客户端
$AllowdSender TCP, 127.0.0.1, 172.16.0.0/16
[root@localhost ~]# systemctl restart rsyslog
```

客户端配置：

```
[root@localhost ~]# vim /etc/rsyslog.conf
57 authpriv.*                                    @@172.16.59.99:514
84 $ActionQueueFileName fwdRule1   # unique name prefix for spool files
85 $ActionQueueMaxDiskSpace 1g     # 1gb space limit (use as much as possible)
86 $ActionQueueSaveOnShutdown on   # save messages to disk on shutdown
87 $ActionQueueType LinkedList     # run asynchronously
88 $ActionResumeRetryCount -1      # infinite retries if host is down
[root@localhost ~]# systemctl restart rsyslog
```

在服务端开启防火墙访问端口 TCP 的 514 端口，并重新加载策略。

```
[root@localhost ~]# firewall-cmd --add-port=514/tcp --permanent
[root@localhost ~]# firewall-cmd --reload
```

4. Linux 系统软件包管理

（1）yum 源概述

yum 需要一个 yum 库，即 yum 源。通常分为本地 yum 源配置和远程 yum 源配置。默认情况下，CentOS 就有一个 yum 源，在/etc/yum.repos.d/目录下有一些默认的配置文件（可以将这些文件移到/opt 下，或者直接在 yum.repos.d/下重命名）。

首先要找一个 yum 库（源），然后确保本地有一个客户端（即 yum 命令），由 yum 程序连接服务器。连接方式由配置文件决定。通过编辑/etc/yum.repos.d/local.repo 文件，可以修改设置。

单元 1 Linux 系统安装与使用

（2）本地 yum 源配置

从 CentOS 官方网站下载 CentOS 的完整版 iso 文件，并上传到 Linux 文件系统中，如/root/目录下，为 iso 文件的挂载创建目录：

```
# mkdir /opt/centos
```

将 iso 文件挂载到挂载目录：

```
# mount /root/CentOS-7-x86_64-DVD-1511.iso /opt/centos/
```

移除 Centos-*.repo 文件：

```
# rm -rf /etc/yum.repos.d/CentOS-*
```

备份 Centos-*.repo 文件至/media/目录：

```
# mv /etc/yum.repos.d/CentOS-* /media/
```

编辑 local.repo 文件：

```
# vi /etc/yum.repos.d/local.repo
[centos]
name=centos
baseurl=file:///opt/centos
gpgcheck=0
enabled=1
```

查看 yum 源是否配置成功：

```
# yum clean all
# yum list
```

（3）远程 yum 源配置

在企业局域网中可以通过 NFS 存储局域网络，让成百上千台服务器都使用一台服务器共享的 yum 源，这样可以使整个服务器集群的压力大大降低，从而释放大量资源。而且在更新 yum 仓库时，只需要更新共享服务器的 yum 源，这样就大大提升了工作效率。下面搭建基于 NFS 存储局域网络的远程挂载 yum 源过程。首先进行服务器端配置，操作步骤如下：

安装 nfs-utils 和 rpcbind：

```
yum -y install nfs-utils rpcbind
```

创建共享目录：

```
mkdir /mnt/share
```

修改配置文件/etc/exports（默认该文件为空）：

```
vi /etc/exports
/mnt/share 192.168.200.0/24(rw,sync,no_root_squash)
```

关闭防火墙和 SELinux：

```
systemctl stop firewalld
systemctl disable firewalld
setenforce 0
```

生效配置文件并启动服务：

```
exportfs -r
systemctl start rpcbind
systemctl start nfs
systemctl enable rpcbind
```

```
systemctl enable nfs
```

> **注意**
> 在启动 NFS 服务之前,需要先启动 rpcbind 服务。

下载 CentOS 镜像到云主机,http:// 10.24.1.82 是提供的 FTP 服务器。

```
yum install -y wget
wget http:// 10.24.1.82/cloud/CentOS-7-x86_64-DVD-1804.iso
```

备份系统自带 Centos-*.repo 源文件至/media/目录:

```
mv /etc/yum.repos.d/CentOS-* /media/
```

修改 yum 源配置,与本地源配置相似,参考本地 yum 源配置。

```
vi /etc/yum.repos.d/local.repo
[centos]
name=centos
baseurl=file:///mnt/share
gpgcheck=0
enabled=1
```

将 iso 镜像挂载到/mnt/share,需要设置开机自动挂载。

```
mount CentOS-7-x86_64-DVD-1804.iso /mnt/share
```

永久保存开机自启。

```
echo "mount CentOS-7-x86_64-DVD-1804.iso /mnt/share/" >> /etc/rc.local
```

刷新 yum 源配置:

```
yum clean all
yum repolist
Loaded plugins: fastestmirror
Determining fastest mirrors
centos                                    | 3.6 kB   00:00
(1/2): centos/group_gz                    | 166 kB   00:00
(2/2): centos/primary_db                  | 3.1 MB   00:00
repo id              repo name           status
centos               centos              3,971
repolist: 3,971
```

配置/etc/hosts 文件,添加 NFS 服务器和客户端 IP 映射:

```
vi /etc/hosts
10.24.2.6 server
10.24.2.7 client
```

(4)客户端配置操作

安装 nfs-utils 和 rpcbind:

```
yum -y install nfs-utils rpcbind
```

设置开机自启动:

```
chkconfig rpcbind on
chkconfig nfs on
```

启动安装的服务:

```
service rpcbind start
```

```
service nfs start
```
创建挂载点：
```
mkdir /mnt/cshare
```
关闭防火墙和 SELinux。

配置 /etc/hosts 文件。添加 NFS 服务端和客户端 IP 映射：
```
vi /etc/hosts
10.24.2.6 server
10.24.2.7 client
```
查看 NFS 服务器端信息：
```
showmount -e 10.24.2.6
Export list for 10.24.2.6:
/mnt/share 10.24.2.0/23
```
客户端远程挂载并开机自启：
```
mount -t nfs server_ip:/mnt/share /mnt/cshare
echo "mount -t nfs 10.24.2.6:/mnt/share /mnt/cshare/" >> /etc/rc.local
```
修改 yum 源配置：
```
vi /etc/yum.repos.d/local.repo
[centos]
name=centos
baseurl=file:///mnt/cshare
gpgcheck=0
enabled=1
```
验证 nfs-yum 源配置：
```
yum clean all
yum repolist
```

（5）安装软件包

在使用 yum 软件包进行软件安装时，首先要确定服务器是否可以正常联网，如果不能正常联网则无法进行软件安装。

在确定可以联网的情况下直接使用 yum install –y 软件包名称命令安装所需的软件包，出现"Complete!"提示则代表软件安装完成。

（6）卸载软件包

在软件包安装完成后，如果需要卸载软件包，可使用 yum remove 软件包名称命令卸载相应的软件包。

（7）升级软件包

安装完软件包后，可使用 yum check-update 命令检查 yum 源中所有可用的升级。

软件检查完成后可直接使用 yum update 命令进行升级。

单元小结

本单元主要介绍了 Linux 操作系统的起源、发展、优势和主流的 Linux 操作系统发行版，重点介绍了 CentOS 操作系统。在任务环节主要学习了 CentOS 操作系统的单节点安装和使用 PXE+Kickstart 方式的批量安装。在实际工作中，PXE+Kickstart 批量安装操作被广泛应用，这也是本单元内容的重点。本单元最后对 CentOS 操作系统进行了简单的使用体验,介绍了 Linux 操作系统中常用命令和工具的使用方法。通过本单元内容的学习,读者应掌握 Linux 系统的单节点和批量安装的方法,同时也能对 Linux 操作系统进行一定的管理与运维。

课后练习

1. Linux 操作系统的主流发行版有哪些?
2. Linux 操作系统与 Windows Server 相比有哪些优势?
3. Linux 操作系统的优点有哪些?
4. 除了使用 PXE+Kickstart 方式批量部署系统,还有哪些批量部署操作系统的方式?
5. 使用 yum 安装软件会经常遇到什么问题?

实训练习

1. 使用 VMware Workstation 软件创建一个虚拟机,将该机器配置为 PXE 的母机,要求能使用该母机,批量安装 CentOS 7.5 系统。
2. 使用 CentOS 操作系统,要求创建一个普通用户 test,设置密码为 000000。

单元 2

Linux 常用服务

单元描述

Linux 操作系统之所以能作为服务器系统的首选,是因为 Linux 系统稳定性极高且不容易感染病毒,它自带的命令功能十分强大,拥有开放的源代码和高度的可定制性,不用担心恶意功能或者留有后门。Linux 系统还有大量免费的服务供用户搭建各类系统。本单元介绍 Linux 常用服务的部署、配置与使用,包括 FTP、CIFS、NFS 服务等,旨在让读者掌握 Linux 常用的基础服务,为深入学习 Linux 系统打好基础。

知识目标

(1)了解 FTP 服务的优点和使用场景;
(2)了解 CIFS 服务的优点和使用场景;
(3)了解 NFS 服务的优点和使用场景。

能力目标

(1)能进行 FTP 服务的安装、配置与使用;
(2)能进行 CIFS 服务的安装、配置与使用;
(3)能进行 NFS 服务的安装、配置与使用。

素质目标

(1)养成科学思维方式审视专业问题的能力;
(2)养成实际动手操作与团队合作的能力。

本单元旨在让读者掌握 Linux 系统基础服务的安装与使用,为了方便读者学习,将本单元拆分为三个任务,分别为 FTP 服务的安装与使用、CIFS 服务的安装与使用、NFS 服务的安装与使用。任务分解具体见表 2-1。

表 2-1 单元 2 任务分解

任 务 名 称	任 务 目 标	安 排 课 时
任务 2.1 安装与使用 FTP 服务	能安装 FTP 服务并使用	2
任务 2.2 安装与使用 CIFS 服务	能安装 CIFS 服务并使用	3
任务 2.3 安装与使用 NFS 服务	能安装 NFS 服务并使用	3
总 计		8

知识准备

1. FTP 服务

（1）FTP 简介

FTP 服务是 Internet 上最早应用于主机之间进行数据传输的基本服务之一。FTP 服务的一个非常重要的特点是实现可独立的平台，也就是说 UNIX、Mac、Windows 等操作系统中都可以实现 FTP 的客户端和服务器。尽管目前已经普遍采用 HTTP 方式传送文件，但 FTP 仍然是跨平台直接传送文件的主要方式。

文件传输协议 FTP 定义了一个在远程计算机系统和本地计算机系统之间传输文件的标准。FTP 运行在 OSI 模型的应用层，并利用传输控制协议 TCP 在不同的主机之间提供可靠的数据传输。在实际的传输中，FTP 靠 TCP 保证数据传输的正确性，并在发生错误的情况下，对错误进行相应的修正。FTP 在文件传输中还具有一个重要的特点，就是支持断点续传功能，这样做可以大幅度地减少 CPU 和网络带宽的开销。

（2）FTP 工作原理

FTP 协议是一个客户机/服务器系统。用户通过一个支持 FTP 协议的客户机程序，连接到远程主机上的 FTP 服务器程序。用户通过客户机程序向服务器程序发出命令，服务器程序执行用户所发出的命令，并将执行结果返回给客户机。FTP 独特的双端口连接结构的优点在于，两个连接可以选择不同的合适的服务质量。如对控制连接来说，需要更小的延迟时间；对数据连接来说，需要更大的数据吞吐量，而且可以避免实现数据流中命令的透明性及逃逸。

控制连接主要用来传送在实际通信过程中需要执行的 FTP 命令和命令的响应。控制连接是在执行 FTP 命令时，由客户端发起的通往 FTP 服务器的连接。控制连接并不传输数据，只用来传输控制数据传输的 FTP 命令集及其响应。因此，控制连接只需要很小的网络带宽。通常情况下，FTP 服务器监听端口号 21 来等待控制连接建立请求。控制连接建立以后并不立即建立数据连接，而是服务器通过一定的方式验证客户的身份，以决定是否可以建立数据传输。

在 FTP 连接期间，控制连接始终保持通畅的连接状态。而数据连接是等到显示目录列表、传输文件时才临时建立的，并且每次客户端使用不同的端口号建立数据连接。一旦传输完毕，就中断这条临时的数据连接。数据连接用来传输用户的数据。在客户端要求进行目录列表、上传和下载等操作时，客户和服务器将建立一条数据连接。这里的数据连接是全双工的，允许同时进行双向的数据传输，即客户和服务器都可能是数据发送者。特别指出，在数据连接存在的时间内，控制连接肯定是存在的，一旦控制连接断开，数据连接会自动关闭。

（3）VSFTP 软件介绍

VSFTP（Very Secure FTP）是一款非常安全的 FTP 软件。该软件是基于 GPL 开发的，被设计为 Linux 平台下稳定、快速、安全的 FTP 软件，它支持 IPv6 以及 SSL 加密。VSFTP 的安全性主要体现在三个方面：进程分离、处理不同任务的进程彼此是独立运行的、进程运行时均以最小权限运行。多数进程都使用 chroot 进行了禁锢，防止客户访问非法共享目录，这里的 chroot 是改变根的一种技术，如果用户通过 VSFTP 共享了 /var/ftp/ 目录，则该目录对客户端而言就是共享的根目录。

（4）数据传输模式

按照数据建立连接的方式的不同，可以把 FTP 分成两种模式：主动模式（active FTP）和被动模式（passive FTP）。

在主动模式下，FTP 客户端随机开启一个大于 1024 的端口 N，向服务器的 21 号端口发起连接，然后开放 $N+1$ 号端口进行监听，并向服务器发出 PORT $N+1$ 指令。服务器接收到指令后，会用其本地的 FTP 数据端口（默认为 20）来连接客户端指定的端口 $N+1$，进行数据传输。在主动传输模式下，FTP 的数据连接和控制连接的方向是相反的。也就是说，是服务器向客户端发起一个用于数据传输的连接。客户端的连接端口是由服务器端和客户端通过协商确定的。

在被动模式下，FTP 客户端随机开启一个大于 1024 的端口 N 向服务器的 21 号端口发起连接，同时会开启 $N+1$ 号端口。然后向服务器发送 PASV 指令，通知服务器自己处于被动模式。服务器收到指令后，会开启一个大于 1024 的端口 P 进行监听，然后用 PORT P 指令通知客户端自己的数据端口是 P。客户端收到指令后，会通过 $N+1$ 号端口连接服务器的端口 P，然后在两个端口之间进行数据传输。在被动传输模式下，FTP 的数据连接和控制连接的方向是一致的，也就是说，是客户端向服务器发起一个用于数据传输的连接。客户端的连接端口是发起这个数据连接请求时使用的端口号。

（5）FTP 的典型消息

在使用 FTP 客户程序与 FTP 服务器进行通信时，经常会看到一些由 FTP 服务器发送的消息，这些消息是 FTP 协议所定义的。表 2-2 列出了一些典型的 FTP 消息。

表 2-2　FTP 协议中定义的典型消息

消息号	含　义	消息号	含　义
125	数据连接打开，传输开始	425	不能打开数据连接
200	命令 OK	426	数据连接被关闭，传输被中断
226	数据传输完毕	452	错误写文件
331	用户名 OK，需要输入密码	500	语法错误，不可识别的命令

（6）FTP 服务使用者

根据 FTP 服务器的服务对象不同，可以将 FTP 服务的使用者分为三类。

① 本地用户（Real 用户）。

如果用户在远程 FTP 服务器上拥有 Shell 登录账户，则称此用户为本地用户。本地用户可以通过输入自己的账户和口令进行授权登录。当授权访问的本地用户登录系统后，其登录目录为用户自己的家目录（$HOME），本地用户既可以下载又可以上传。

② 虚拟用户（Guest 用户）。

如果用户在远程 FTP 服务器上拥有账号，且此账号只能用于文件传输服务，则称此用户为虚拟用户或者 Guest 用户。通常，虚拟用户使用与系统用户分离的用户认证文件。虚拟用户可以通过输入自己的账号和口令进行授权登录。当授权访问的虚拟用户登录系统后，其登录目录是 VSFTP 为其指定的目录。通常情况下，虚拟用户既可以下载又可以上传。

③ 匿名用户（Anonymous 用户）。

如果用户在远程 FTP 服务器上没有账号，则称此用户为匿名用户。若 FTP 服务器提供匿名访问功能，则匿名用户可以通过输入账号（anonmous 或 ftp）和口令（用户自己的 E-mail 地址）

进行登录。当匿名用户登录系统后，其登录目录为匿名 FTP 服务器的根目录（默认为/var/ftp），一般情况下匿名 FTP 服务器只提供下载功能，不提供上传服务或者使上传受到一定的限制。

2. CIFS 服务

（1）CIFS 简介

1996 年，Microsoft（微软）提出将服务信息块 SMB 改称为通用互联网文件系统 CIFS。CIFS 使用的是公共的或者开放的 SMB 协议版本。SMB 是在会话层和表示层以及小部分应用层上的协议，使用了 NetBIOS 的应用程序接口 API。该协议是局域网上用于服务器文件访问和打印的协议。它使用客户机/服务器模式，客户程序请求在服务器上的程序为其提供服务，服务器获得请求并返回响应。

CIFS 是实现文件共享服务的一种文件系统，主要用于实现 Windows 系统中的文件共享。CIFS 在 Linux 系统中用得较少，一般 Linux 系统中利用 CIFS 文件系统实现文件共享时，需要安装 Samba 服务。Samba 是使 Linux 支持 SMB/CIFS 协议的组软件包。Samba 服务在 Linux 和 Windows 两个平台之间架起了一座桥梁，这样就可以在 Linux 系统和 Windows 系统之间互相通信。Samba 目前已经成为各种 Linux 发行版本中的一个基本的软件包。Samba 可以在几乎所有类 UNIX 平台上运行，当然也包括 Linux。

Samba 使程序可以访问远程 Internet 计算机上的文件，并要求此计算机提供服务。使用客户机/服务器模式。CIFS 是公共的或开放的 SMB 协议版本，并由 Microsoft 使用。SMB 协议在局域网上用于服务器文件访问和打印的协议。像 SMB 协议一样，CIFS 在高层运行，而不像 TCP/IP 协议那样运行在底层。CIFS 可以看作应用程序协议，如文件传输协议和超文本传输协议的一个实现。

（2）Samba 的功能

Samba 服务所需软件包包括 Samba、Samba-client、Samba-common。Samba 软件包由 smbd 和 nmbd 两个守护进程组成。Samba 提供了用于 SMB/CIFS 的四项服务：文件和打印服务、授权与被授权、名字解析、浏览服务。前两项服务由 smbd 守护进程提供，后两项服务则由 nmbd 守护进程提供。两个进程的启动脚本是独立的。

- smbd 进程监听 TCP：139（NetBIOS over TCP/IP）和 TCP：445（SMB over TCP/CIFS）端口。
- nmbd 进程监听 UDP：137（NetBIOS-ns）和 UDP：138（NetBIOS-dgm）端口。

① 文件和打印机共享。

文件和打印机共享是 Samba 的主要功能，通过 SMB 进程实现资源共享，将文件和打印机发布到网络，以供用户访问。

② 身份验证和权限设置。

smbd 服务支持 user mode 和 domain mode 等身份验证和权限设置模式，通过加密方式可以保护共享的文件和打印机。

③ 名称解析。

Samba 通过 nmbd 服务可以搭建 NBNS（NetBIOS Name Service）服务器，提供名称解析，将计算机的 NetBIOS 名解析为 IP 地址。

④ 浏览服务。

局域网中 Samba 服务器可以成为本地主浏览服务器（LMB），保存可用资源列表，当使用客户端访问 Windows 网上邻居时，会提供浏览列表，显示共享目录、打印机等资源。

3. NFS 服务

（1）NFS 简介

NFS 网络文件系统提供了一种在类 UNIX 系统上共享文件的方法。目前 NFS 有三个版本：NFSv2、NFSv3、NFSv4。CentOS 7 默认使用 NFSv4 提供服务，优点是提供了有状态的连接，更容易追踪连接状态，增强安全性。NFS 监听在 TCP 2049 端口上。客户端通过挂载的方式将 NFS 服务器端共享的数据目录挂载到本地目录下。在客户端看来，使用 NFS 的远端文件就像是在使用本地文件一样，只要具有相应的权限就可以使用各种文件操作命令（如 cp、cd、mv 和 rm 等），对共享的文件进行相应的操作。Linux 操作系统既可以作为 NFS 服务器，也可以作为 NFS 客户机，这就意味着它可以把文件系统共享给其他系统，也可以挂载从其他系统上共享的文件系统。

为什么需要安装 NFS 服务？当服务器访问流量过大时，需要多台服务器进行分流，使这些服务器可以使用 NFS 服务进行共享。NFS 除了可以实现基本的文件系统共享之外，还可以结合远程网络启动，实现无盘工作站（PXE 启动系统，所有数据均在服务器的磁盘阵列上）或瘦客户工作站（本地自动系统）。NFS 应用场景多为高可用文件共享，多台服务器共享同样的数据，但其可扩展性较差，本身高可用方案不完善。在数据量较大时，可以采用 MFS、TFS、HDFS 等分布式文件系统代替 NFS 系统。

（2）NFS 组成

两台计算机需要通过网络建立连接时，双方主机就一定需要提供一些基本信息，如 IP 地址、服务端口号等。当有 100 台客户端需要访问某台服务器时，服务器就需要记住这些客户端的 IP 地址以及相应的端口号等信息，而这些信息是需要程序来管理的。在 Linux 中，这样的信息可以由某个特定服务自己来管理，也可以委托给 RPC 来帮助自己管理。RPC 是远程过程调用协议，RPC 协议为远程通信程序管理通信双方所需的基本信息，这样，NFS 服务就可以专注于如何共享数据。至于通信的连接以及连接的基本信息，则全权委托给 RPC 管理。因此，NFS 组件由与 NFS 相关的内核模块、NFS 用户空间工具和 RPC 相关服务组成。主要由以下两个 RPM 包提供：

① nfs-utils：包含 NFS 服务器端守护进程和 NFS 客户端相关工具。

② rpcbind：提供 RPC 端口映射的守护进程及其相关文档、执行文件等。

若系统上还没有安装 NFS 的相关组件，可以使用以下命令安装：

```
# yum install nfs-utils rpcbind
```

使用以下命令启动 NFS 的相关服务，并配置开机启动：

```
# systemctl start rpcbind
# systemctl start nfs
# systemctl enable rpcbind
# systemctl enable nfs-server
```

与 NFS 服务相关的文件有：守护进程、systemd 的服务配置单元、服务器端配置文件、客户端配置文件、服务器端工具、客户端工具、NFS 信息文件等。

（3）配置 NFS 服务与 NFS 客户端

① 配置 NFS 服务。

- 共享资源配置文件/etc/exports。
- 配置 NFS 服务。

- 维护 NFS 服务的共享。
- 查看共享目录参数。
- NFS 服务与防火墙。
② NFS 客户端。
- 查看 NFS 服务器共享目录。
- NFS 文件系统挂载与卸载。

任务 2.1　安装与使用 FTP 服务

任务描述

本任务主要介绍在 Linux 系统中通过 yum 方式安装 FTP 服务,并分别使用 Windows 和 Linux 系统作为客户端,使用 FTP 服务。通过两个 FTP 的实际使用案例,让读者快速掌握 FTP 服务的应用场景与使用方法。

任务分析

该任务需要两台虚拟机进行实验,一台作为 FTP 服务节点,一台作为客户端节点,使用 FTP 服务。具体规划如下。

1. 节点规划

节点规划见表 2-3。

表 2-3　节点规划

IP	主 机 名	节　　点
192.168.200.33	ftp	FTP 服务节点
192.168.200.34	client	客户端节点

2. 环境准备

使用 VMware Workstation 最小化安装两台虚拟机,配置使用 1vCPU/2 GB 内存/40 GB 硬盘,镜像使用 CentOS-7-x86_64-DVD-1804.iso,网络使用 NAT 模式,并将 NAT 模式的网段配置成 192.168.200.0/24。虚拟机安装完毕之后,配置虚拟机 IP(可自行配置 IP 地址,此处配置的地址为 192.168.200.33 和 192.168.200.34),最后使用远程连接工具进行连接。

任务实施

1. Windows 使用 FTP 服务

(1) 设置主机名

使用远程工具连接至 192.168.200.33,修改主机名为 ftp,命令如下:

```
[root@localhost ~]# hostnamectl set-hostname ftp
```

断开后重新连接虚拟机,查看主机名,命令如下:

```
[root@ftp ~]# hostname
ftp
```

（2）配置 yum 源

使用远程传输工具，将 CentOS-7-x86_64-DVD-1804.iso 软件包上传至/root 目录下，并挂载，命令如下：

```
[root@ftp ~]# mkdir /opt/centos
[root@ftp ~]# mount CentOS-7-x86_64-DVD-1804.iso /opt/centos
mount: /dev/sr0 is write-protected, mounting read-only
```

配置本地 yum 源文件，先将/etc/yum.repos.d/下的文件移走，然后创建 local.repo 文件，命令如下：

```
[root@ftp ~]# mv /etc/yum.repos.d/* /media/
[root@ftp ~]# vi /etc/yum.repos.d/local.repo
[root@ftp ~]# cat /etc/yum.repos.d/local.repo
[centos7]
name=centos7
baseurl=file:///opt/centos
gpgcheck=0
enabled=1
```

至此，yum 源配置完毕。

（3）安装 FTP 服务

安装 FTP 服务的命令如下：

```
[root@ftp ~]# yum install vsftpd -y
```

安装完成后，编辑 FTP 服务的配置文件，在配置文件的最上面添加一行代码，命令如下：

```
[root@ftp ~]# vi /etc/vsftpd/vsftpd.conf
[root@ftp ~]# cat /etc/vsftpd/vsftpd.conf
anon_root=/opt
# Example config file /etc/vsftpd/vsftpd.conf
……
```

启动 VSFTP 服务，命令如下：

```
[root@ftp ~]# systemctl start vsftpd
[root@ftp ~]# netstat -ntpl
Active Internet connections (only servers)
Proto Recv-Q Send-Q Local Address    Foreign Address    State       PID/Program name
tcp        0      0 0.0.0.0:22       0.0.0.0:*          LISTEN      1556/sshd
tcp        0      0 127.0.0.1:25     0.0.0.0:*          LISTEN      2517/master
tcp6       0      0 :::21            :::*               LISTEN      3359/vsftpd
tcp6       0      0 :::22            :::*               LISTEN      1556/sshd
tcp6       0      0 ::1:25           :::*               LISTEN      2517/master
```

使用 netstat -ntpl 命令可以看到 vsftpd 的 21 端口。（若无法使用 netstat 命令，可自行安装 net-tools 工具。）

在使用浏览器访问 FTP 服务之前，需要关闭 SELinux 和防火墙，命令如下：

```
[root@ftp ~]# setenforce 0
[root@ftp ~]# systemctl stop firewalld
```

（4）FTP 服务的使用

使用浏览器访问 ftp://192.168.200.33，如图 2-1 所示。

图 2-1　FTP 界面

可以查看到/opt 目录下的文件，都被 FTP 服务成功共享。

进入虚拟机的/opt 目录，创建 xcloud.txt 文件，刷新浏览器界面，可以看到新创建的文件，如图 2-2 所示。

图 2-2　刷新的 FTP 界面

关于 FTP 服务的使用，简单来说，就是将用户想共享的文件或者软件包放入共享目录即可。

2. Linux 使用 FTP

（1）修改主机名

使用远程连接工具连接 192.168.200.34 节点，修改其主机名为 client，命令如下：

```
[root@localhost ~]# hostnamectl set-hostname client
```

断开后重新连接虚拟机，查看主机名，命令如下：

```
[root@client ~]# hostname
client
```

（2）配置 FTP 的 yum 源

配置本地 yum 源文件，先将/etc/yum.repos.d/下的文件移走，然后创建 ftp.repo 文件，命令如下：

```
[root@client ~]# mv /etc/yum.repos.d/* /media/
[root@client ~]# vi /etc/yum.repos.d/ftp.repo
[root@client ~]# cat /etc/yum.repos.d/ftp.repo
[centos]
name=centos
baseurl=ftp://192.168.200.33/centos
gpgcheck=0
enabled=1
```

至此，yum 源配置完毕。

（3）使用 FTP 的 yum 源

查看当前源是否可用，在使用之前，需要关闭当前节点的防火墙和 SELinux 服务，命令如下：

```
[root@client ~]# setenforce 0
[root@client ~]# systemctl stop firewalld
```

查看当前 yum 源数量，命令如下：

```
[root@client ~]# yum repolist
Loaded plugins: fastestmirror
```

```
Determining fastest mirrors
centos                                    | 3.6 kB  00:00:00
(1/2): centos/group_gz                    | 166 kB  00:00:00
(2/2): centos/primary_db                  | 3.1 MB  00:00:00
repo id          repo name         status
centos           centos            3,971
repolist: 3,971
```

看到 3971，即为成功，使用 FTP 的源安装数据库服务尝试，命令如下：

```
[root@client ~]# yum install mariadb-server mariadb -y
Loaded plugins: fastestmirror
Loading mirror speeds from cached hostfile
Resolving Dependencies
--> Running transaction check
---> Package mariadb.x86_64 1:5.5.56-2.el7 will be installed
---> Package mariadb-server.x86_64 1:5.5.56-2.el7 will be installed
...忽略输出...
Complete!
```

可以看到安装数据库成功。使用 FTP 服务作为 yum 源案例验证成功。

任务 2.2　安装与使用 CIFS 服务

任务描述

本任务主要介绍 CIFS 服务的安装与使用，使用一台虚拟机安装 CIFS（Samba）服务，然后使用本地 PC 作为 CIFS 的客户端，使用 CIFS 服务。在日常工作中，CIFS 经常作为文件服务器使用。通过本案例的学习，读者可以快速掌握部署文件服务技能。

任务分析

该任务需要使用一台虚拟机安装 CIFS 服务，作为服务器节点，使用本地 PC 作为 CIFS 的客户端，具体规划如下。

1. 节点规划

使用 CIFS 服务的节点规划见表 2-4。

表 2-4　节点规划

IP	主 机 名	节　　点
192.168.200.20	cifs	CIFS 服务节点

2. 环境准备

使用 VMware Workstation 最小化安装一台虚拟机，配置使用 1vCPU/2 GB 内存/40 GB 硬盘，镜像使用 CentOS-7-x86_64-DVD-1804.iso，网络使用 NAT 模式，并将 NAT 模式的网段配置成 192.168.200.0/24。虚拟机安装完毕后，配置虚拟机 IP（可自行配置 IP 地址，此处配置的地址为 192.168.200.20），最后使用远程连接工具进行连接。

任务实施

1. 安装 Samba 服务

登录 192.168.200.20 虚拟机,首先修改主机名,命令如下:

```
[root@localhost ~]# hostnamectl set-hostname samba
断开重新连接
[root@samba ~]# hostnamectl
   Static hostname: samba
         Icon name: computer-vm
           Chassis: vm
        Machine ID: 1d0a70113a074d488dc3b581178a59b8
           Boot ID: 7285608fd50c4da886e94c6a33873ed9
    Virtualization: vmware
  Operating System: CentOS Linux 7 (Core)
       CPE OS Name: cpe:/o:centos:centos:7
            Kernel: Linux 3.10.0-862.el7.x86_64
      Architecture: x86-64
```

安装 Samba 服务,命令如下:

```
[root@samba ~]# yum install -y samba
```

2. 配置 Samba 服务

配置 Samba 的配置文件 /etc/samba/smb.conf。

(1) 修改 [global] 中的内容

命令如下(找到配置文件中的字段并修改,disable spoolss = yes 是新增的):

```
load printers=no
   cups options=raw

;  printcap name=/dev/null
   # obtain a list of printers automatically on UNIX System V systems:
;  printcap name=lpstat
;  printing=bsd
   disable spoolss=yes
```

(2) 在配置文件的最后添加内容

命令如下:

```
[share]
   path = /opt/share
   browseable=yes
   public=yes
   writable=yes
```

参数说明:

① /opt/share:该目录是将要共享的目录,若没有,需要创建。

② browseable:参数是操作权限。

③ public:参数是访问权限。

④ writable:参数是对文件的操作权限。

创建目录并赋予权限,命令如下:

```
[root@samba ~]# mkdir /opt/share
[root@samba ~]# chmod 777 /opt/share/
```

(3) 启动 Samba 服务

命令如下:

```
[root@samba ~]# systemctl start smb
[root@samba ~]# systemctl start nmb
```

(4) 查看端口启动情况

命令如下（netstat 命令若不能用，自行安装 net-tools 软件包）:

```
[root@samba ~]# netstat -ntpl
Active Internet connections (only servers)
Proto Recv-Q Send-Q Local Address      Foreign Address    State       PID/Program name
tcp        0      0 0.0.0.0:139        0.0.0.0:*          LISTEN      2718/smbd
tcp        0      0 0.0.0.0:22         0.0.0.0:*          ISTEN       1469/sshd
tcp        0      0 127.0.0.1:25       0.0.0.0:*          LISTEN      2168/master
tcp        0      0 0.0.0.0:445        0.0.0.0:*          LISTEN      2718/smbd
tcp6       0      0 :::139             :::*               LISTEN      2718/smbd
tcp6       0      0 :::22              :::*               LISTEN      1469/sshd
tcp6       0      0 ::1:25             :::*               LISTEN      2168/master
tcp6       0      0 :::445             :::*               LISTEN      2718/smbd
```

(5) 创建 Samba 用户

```
[root@samba ~]# smbpasswd -a root       #这个用户必须是系统存在的用户
New SMB password:
Retype new SMB password:
Added user root.
```

本案例为了方便讲解，使用的是 root 用户，输入 smbpasswd -a root 后，再输入密码，设置的密码为 000000。

(6) 重启 Samba 服务

```
[root@samba ~]# service smb restart
```

3. 使用 Samba 服务

在 PC 中，按【Win+R】组合键，弹出"运行"对话框，输入 Samba 服务的 IP 地址如图 2-3 所示，（在使用 PC 访问 Samba 服务前，确保 Samba 服务器的 SELinux 服务与防火墙服务均处于关闭状态）。

图 2-3 "运行"对话框

在弹出的"Windows 安全"对话框中输入用户名和密码，（用户名为 root，密码为 000000）单击"确定"按钮，如图 2-4 所示。

图 2-4 "Windows 安全"对话框

登录后显示的 Samba 共享目录界面如图 2-5 所示。

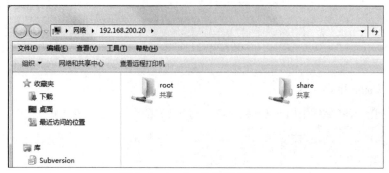

图 2-5 Samba 共享目录界面

可以看到一个 root 目录和一个 share 目录，Samba 会默认共享用户目录，share 则是通过配置文件共享的目录。

使用 Samba 服务，可以简单地理解为共享文件服务器，将需要被共享的文件放入 share 目录即可，将之前移动到/media 中的 repo 文件移动到 share 目录，命令如下：

[root@samba ~]# mv /media/* /opt/share/

在 PC 中，进入 share 目录，查看被共享的文件，如图 2-6 所示。

图 2-6 share 目录被共享的文件

至此，关于 Samba 的简单共享已完成。关于 Samba 的权限控制，读者可以自行研究。

任务 2.3　安装与使用 NFS 服务

任务描述

本任务主要介绍 NFS 服务的安装与配置使用,在日常工作中,经常会遇到服务器或者虚拟机磁盘不够用的情况,当发生这种情况时,第一种方法是增加磁盘的数量,第二种方法是使用 NFS 网络文件系统。本任务通过使用两台虚拟机,模拟 NFS 服务的真实使用场景,旨在让读者快速掌握该项技能。

任务分析

该任务需要至少两台虚拟机进行实验,一台作为 NFS 的 Server 端,另一台作为 NFS 的 Client 端,具体规划如下。

1. 节点规划

NFS 实验节点规划见表 2-5。

表 2-5　节点规划

IP	主机名	节　　点
192.168.200.21	nfs-server	NFS 服务端
192.168.200.22	nfs-client	NFS 客户端

2. 环境准备

使用 VMware Workstation 最小化安装一台虚拟机,配置使用 1vCPU/2 GB 内存/40 GB 硬盘,镜像使用 CentOS-7-x86_64-DVD-1804.iso,网络使用 NAT 模式,并将 NAT 模式的网段配置成 192.168.200.0/24。虚拟机安装完毕后,配置虚拟机 IP(可自行配置 IP 地址,此处配置的地址为 192.168.200.21 和 192.168.200.22),最后使用远程连接工具进行连接。

任务实施

1. 基础配置

修改两个节点的主机名,第一台机器为 nfs-server;第二台机器为 nfs-client。命令如下:

nfs-server 节点:

```
[root@localhost ~]# hostnamectl set-hostname nfs-server
断开重新连接
[root@nfs-server ~]# hostnamectl
   Static hostname: nfs-server
         Icon name: computer-vm
           Chassis: vm
        Machine ID: 1d0a70113a074d488dc3b581178a59b8
           Boot ID: 7285608fd50c4da886e94c6a33873ed9
    Virtualization: vmware
  Operating System: CentOS Linux 7 (Core)
       CPE OS Name: cpe:/o:centos:centos:7
```

```
          Kernel: Linux 3.10.0-862.el7.x86_64
    Architecture: x86-64
```

nfs-client 节点：

```
[root@localhost ~]# hostnamectl set-hostname nfs-client
断开重新连接
[root@nfs-client ~]# hostnamectl
   Static hostname: nfs-client
         Icon name: computer-vm
           Chassis: vm
        Machine ID: 06c97bdf0e6c4a89898aa7d58c6be2cc
           Boot ID: f07cf0f9d31e4b2185de0f8db7dd456b
    Virtualization: vmware
  Operating System: CentOS Linux 7 (Core)
       CPE OS Name: cpe:/o:centos:centos:7
            Kernel: Linux 3.10.0-862.el7.x86_64
      Architecture: x86-64
```

2. 安装 NFS 服务

使用 CentOS-7-x86_64-DVD-1804.iso 自行配置本地 yum 源。给两个节点安装 NFS 服务。命令如下：

nfs-server 节点：

```
[root@nfs-server ~]# yum -y install nfs-utils rpcbind
```

nfs-client 节点：

```
[root@nfs-client ~]# yum -y install nfs-utils rpcbind
```

> **注意**
> 安装 NFS 服务必须依赖 RPC，所以运行 NFS 就必须安装 RPC。

3. NFS 服务使用

在 nfs-server 节点创建一个用于共享的目录，命令如下：

```
[root@nfs-server ~]# mkdir /mnt/test
```

编辑 NFS 服务的配置文件/etc/exports，在配置文件中加入一行代码，命令如下：

```
[root@nfs-server ~]# vi /etc/exports
[root@nfs-server ~]# cat /etc/exports
/mnt/test 192.168.200.0/24(rw,no_root_squash,no_all_squash,sync,anonuid=501,anongid=501)
```

生效配置，命令如下：

```
[root@nfs-server ~]# exportfs -r
```

配置文件说明：

① /mnt/test：共享目录（若没有该目录，请新建一个）。

② 192.168.200.0/24：可以为一个网段、一个 IP，也可以是域名。域名支持通配符，如*.qq.com。

③ rw：read-write，可读写。

④ ro：read-only，只读。

⑤ sync：文件同时写入硬盘和内存。

⑥ async：文件暂存于内存，而不是直接写入内存。

⑦ no_root_squash：NFS 客户端连接服务端时，如果使用的是 root，那么对服务端共享的目录来说，也拥有 root 权限。显然开启这项是不安全的。

⑧ root_squash：NFS 客户端连接服务端时，如果使用的是 root，那么对服务端共享的目录来说，拥有匿名用户权限，通常它将使用 nobody 或 nfsnobody 身份。

⑨ all_squash：不论 NFS 客户端连接服务端时使用什么用户，对服务端共享的目录来说，都拥有匿名用户权限。

⑩ anonuid：匿名用户的 UID（User Identification，用户身份证明）值，可以在此处自行设定。

⑪ anongid：匿名用户的 GID（Group Identification，共享资源系统使用者的群体身份）值。

nfs-server 端启动 NFS 服务，命令如下：

```
[root@nfs-server ~]# systemctl start rpcbind
[root@nfs-server ~]# systemctl start nfs
```

nfs-server 端查看可挂载目录，命令如下：

```
[root@nfs-server ~]# showmount -e 192.168.200.21
Export list for 192.168.200.21:
/mnt/test 192.168.200.0/24
```

可以查看到共享的目录。

转到 nfs-client 端，在客户端挂载前，先要将服务器的 SELinux 服务和防火墙服务关闭，命令如下：

```
[root@nfs-client ~]# setenforce 0
[root@nfs-client ~]# systemctl stop firewalld
```

在 nfs-client 节点，进行 NFS 共享目录的挂载，命令如下：

```
[root@nfs-client ~]# mount -t nfs 192.168.200.21:/mnt/test /mnt/
```

无提示信息则表示成功，查看挂载情况。命令如下：

```
[root@nfs-client ~]# df -h
Filesystem                    Size  Used Avail Use% Mounted on
/dev/mapper/centos-root        18G  878M   17G   5% /
devtmpfs                      903M     0  903M   0% /dev
tmpfs                         913M     0  913M   0% /dev/shm
tmpfs                         913M  8.6M  904M   1% /run
tmpfs                         913M     0  913M   0% /sys/fs/cgroup
/dev/sda1                     497M  125M  373M  25% /boot
tmpfs                         183M     0  183M   0% /run/user/0
/dev/sr0                      4.1G  4.1G     0 100% /opt/centos
192.168.200.21:/mnt/test      5.8G   20M  5.5G   1% /mnt
```

可以看到 nfs-server 节点的/mnt/test 目录已挂载到 nfs-client 节点的/mnt 目录下。

4. 验证 NFS 共享存储

在 nfs-client 节点的/mnt 目录下创建一个 abc.txt 文件并计算 MD5 值，命令如下：

```
[root@nfs-client ~]# cd /mnt/
[root@nfs-client mnt]# ll
total 0
[root@nfs-client mnt]# touch abc.txt
[root@nfs-client mnt]# md5sum abc.txt
d41d8cd98f00b204e9800998ecf8427e  abc.txt
```

回到 nfs-server 节点进行验证，命令如下：

```
[root@nfs-server ~]# cd /mnt/test/
[root@nfs-server test]# ll
total 0
-rw-r--r--. 1 root root 0 Oct 30 07:18 abc.txt
[root@nfs-server test]# md5sum abc.txt
d41d8cd98f00b204e9800998ecf8427e  abc.txt
```

可见，在 client 节点创建的文件和 server 节点的文件是一样的。关于更多 NFS 服务的使用方法，读者可以自行查找资料学习。

单元小结

本单元主要介绍了 Linux 系统中的几个常用服务，一是 FTP 服务，在日常工作中，经常会用来分享文件或者作为远程的 yum 源使用；二是 CIFS 服务，在日常工作中，会使用 CIFS（Samba）搭建公司的文件服务器，员工可以通过 PC 共享部门的文件；三是 NFS 服务，在日常工作中，NFS 一般作为后端（外接）存储使用，可以扩容服务器或者虚拟机的存储空间。本单元希望读者通过实际操作案例掌握 Linux 常用服务的安装、配置与使用。

课后练习

1. 除了 FTP 服务，HTTP 服务是否也能满足 FTP 所有的功能？
2. FTP 服务除了共享文件、作为远程 yum 源之外，还能做什么？
3. CIFS 文件服务器可以对共享目录进行权限控制吗？
4. NFS 服务是持久化存储吗？
5. 如果 NFS Server 端断电或者关机，重启之后，Client 端会自动挂载 NFS Server 共享出来的目录吗？

实训练习

1. 使用一台虚拟机自行安装 FTP 服务，并将/opt 目录进行共享。
2. 使用一台虚拟机自行安装 Samba 服务，创建/opt/test 目录，修改配置文件，将/opt/test 目录作为文件服务器的共享目录。
3. 使用两台虚拟机，一台作为 NFS 的 Server 端，一台作为 NFS 的 Client 端，安装 NFS 必要服务，将 Server 端的/opt 目录进行共享，并在 Client 端挂载到/mnt 目录下。

单元 3

→ Linux 常用存储服务

单元描述

任何系统的运行都离不开存储,服务、应用产生的数据也离不开存储,存储服务(或者说存储系统)是整个操作系统中十分重要的环节。存储的性能、稳定性、冗余性决定着存储的优劣。本单元主要介绍 Linux 系统中两个常用存储阵列——LVM 逻辑卷技术与 RAID 磁盘阵列技术。通过服务的介绍、存储阵列的构建、存储卷的使用三部分内容,较全面地介绍了 LVM 和 RAID 存储技术。旨在让读者快速掌握 Linux 常用存储技术,在日常工作中能快速部署存储阵列,供用户使用。

知识目标

(1)了解 LVM 逻辑卷存储技术的起源、发展和应用场景;
(2)了解 RAID 磁盘阵列技术的起源、发展和应用场景。

能力目标

(1)能进行 LVM 中物理卷、卷组和逻辑卷的创建与挂载使用;
(2)能进行不同级别 RAID 磁盘阵列的创建与挂载使用。

素质目标

(1)养成科学思维方式审视专业问题的能力;
(2)养成实际动手操作与团队合作的能力。

本单元旨在让读者掌握 Linux 系统中常用存储服务的构建与使用,为了方便学习,将本单元拆分成两个实操任务。任务分解具体见表 3-1。

表 3-1 单元 3 任务分解

任务名称	任务目标	安排课时
任务 3.1 构建与使用 LVM 逻辑卷	能创建 LVM 逻辑卷并使用	4
任务 3.2 构建与使用 RAID 磁盘阵列	能创建 RAID 磁盘阵列并使用	4
总 计		8

知识准备

1. LVM 逻辑卷技术

（1）LVM 的概念

当用户想要随着实际需求的变化调整硬盘分区的大小时，会受到磁盘"灵活性"的限制。这时就需要用到一项非常普及的硬盘设备资源管理技术——LVM。LVM 逻辑卷管理是 Linux 环境下对磁盘分区进行管理的一种机制，允许用户对硬盘资源进行动态调整。LVM 是建立在硬盘或者分区之上的一个逻辑层，为文件系统屏蔽下层磁盘分区布局，从而提高磁盘分区管理的灵活性。通过 LVM 系统，管理员可以轻松地管理磁盘分区，如将若干个磁盘分区连接为一个整块的卷组（Volume Group，VG），形成一个存储池。管理员可以在卷组上随意创建逻辑卷（Logical Volume，LV），并进一步在逻辑卷上创建文件系统。管理员通过 LVM 可以方便地调整卷组的大小，并且可以对磁盘存储按照组的方式进行命名、管理和分配。例如，按照使用用途命名 development 和 sales，而不是使用物理磁盘名 sda 和 sdb。当系统添加了新的磁盘后，管理员不必将磁盘中的文件移动到新磁盘上，以便充分利用新的存储空间，而是通过 LVM 直接扩展文件系统跨越磁盘即可。

（2）LVM 基本术语

① 物理卷 PV。物理卷在 LVM 系统中处于底层，可以将其理解为物理硬盘、硬盘分区或者 RAID 磁盘阵列。卷组建立在物理卷之上，一个卷组可以包含多个物理卷，而且在卷组创建之后，也可以继续向其中添加新的物理卷。物理卷可以是整个硬盘、硬盘上的分区，或从逻辑上与磁盘分区具有同样功能的设备（如 RAID）。物理卷是 LVM 的基本存储逻辑块，但和基本的物理存储介质（如分区、磁盘等）比较，却包含与 LVM 相关的管理参数。

② 卷组 VG。卷组建立在物理卷之上，由一个或多个物理卷组成。卷组创建好之后，可以动态地添加物理卷到卷组中，在卷组上可以创建一个或多个 LVM 分区（逻辑卷）。一个 LVM 系统中可以只有一个卷组，也可以包含多个卷组。LVM 管理的卷组类似于非 LVM 系统中的物理硬盘。

③ 逻辑卷 LV。逻辑卷建立在卷组之上，是从卷组中"切出"的一块空间。逻辑卷创建之后，其大小可以伸缩。LVM 的逻辑卷类似于非 LVM 系统中的硬盘分区，在逻辑卷之上可以建立文件系统（如/home 或者/usr 等）。逻辑卷是用卷组中空闲的资源建立的，并且逻辑卷在建立后可以动态地扩展或缩小空间。

④ 物理区域 PE。每一个物理卷被划分为基本单元（Physical Extent，PE），它是具有唯一编号的 PE，是可以被 LVM 寻址的最小存储单元。PE 的大小可根据实际情况在创建物理卷时指定，默认为 4 MB。PE 的大小一旦确定将不能改变，同一个卷组中所有物理卷的 PE 大小一致。

⑤ 逻辑区域 LE。逻辑区域也被划分为可被寻址的基本单位 LE。在同一个卷组中，LE 和 PE 的大小是相同的，并且一一对应。非 LVM 系统将包含分区信息的元数据（metadata）保存在位于分区起始位置的分区表中，同样，逻辑卷以及卷组相关的元数据也保存在位于物理卷起始处的卷组描述符区域 VGDA 中。VGDA 包括 PV 描述符、VG 描述符、IV 描述符和一些 PF 描述符。

（3）LVM 逻辑卷操作

LVM 技术简单来说，就是在硬盘分区和文件系统之间添加了一个逻辑层，它提供了一个抽象的卷组，可以把多块硬盘进行卷组合并。这样一来，用户无须关心物理硬盘设备的底层架构和布局，就可以实现对硬盘分区的动态调整。常规操作如下：

① 部署逻辑卷。一般而言，在生产环境中无法精确地预估每个硬盘分区在日后的使用情况，因此会导致原先分配的硬盘分区不够用。例如，伴随着业务量的增加，用于存放交易记录的数据库目录的体积也随之增加；分析并记录用户的行为，导致日志目录的体积不断变大，这些都会导致原有的硬盘分区在使用上捉襟见肘。另外，还存在对较大的硬盘分区进行精简缩容的情况。可以通过部署 LVM 来解决上述问题。部署 LVM 时，需要逐一配置物理卷、卷组和逻辑卷。

② 扩容逻辑卷。卷组是由多块硬盘设备共同组成的，用户在使用存储设备时感觉不到设备底层的架构和布局，更不用关心底层是由多少块硬盘组成的，只要卷组中有足够的资源，就可以一直为逻辑卷扩容。扩容前必须卸载设备和挂载点的关联。

③ 缩小逻辑卷。相较于扩容逻辑卷，在对逻辑卷进行缩容操作时，其丢失数据的风险更大。所以在生产环境中执行相应操作时，一定要提前备份好数据。另外，Linux 系统规定，在对 LVM 逻辑卷进行缩容操作之前，要先检查文件系统的完整性（这也是为了保证数据安全）。在执行缩容操作前，需要先卸载文件系统。

④ 删除逻辑卷。当生产环境中想要重新部署 LVM 或者不再使用 LVM 时，需要执行 LVM 的删除操作。为此，需要提前备份好重要的数据信息，然后依次删除逻辑卷、卷组、物理卷设备，该顺序不可颠倒。

2. RAID 磁盘阵列技术

（1）RAID 简述

磁盘阵列（Redundant Arrays of Independent Disks，RAID）是把多个物理磁盘组成一个阵列，当作一个逻辑磁盘使用。它将数据以分段或条带的方式存储在不同的磁盘中，这样可以通过在多个磁盘上同时存储和读取数据，来大幅提高存储系统的数据吞吐量。使用 RAID 的主要目的是在发生单点故障时保存数据，当使用单个磁盘来存储数据，如果它损坏了，那么就没有机会取回已有的数据。为了防止数据丢失，人们需要一个容错的方法，所以，可以使用多个磁盘组成 RAID 阵列。

RAID 阵列的好处如下：

① 极强的容错能力，保证了数据的安全。
② 较佳的 I/O 传输率，有效地匹配了 CPU、内存的速度。
③ 较大的存储量，保证了海量数据的存储。
④ 较低的性能价格比。

（2）主流 RAID 等级

磁盘阵列根据其使用的技术不同而划分了等级，称为 RAID level，目前公认的标准是 RAID 0～RAID 5。其中的 level 并不代表技术的高低，RAID 5 并不高于 RAID 4，RAID 0 并不低于 RAID 2，至于选择哪一种 RAID 需视用户的需求而定。

① RAID 0。RAID 0 称为条带模式（stripe）。数据在此种 RAID 等级是分散存储，每个磁盘放置所要存储数据的一部分，读写性能得到了提升，需要的磁盘数大于或等于两块磁盘，磁盘

可用空间为磁盘数×最小磁盘的大小。

当数据写入 RAID 时,数据会被切割成一块一块,然后依序放到不同的磁盘,如图 3-1 所示。一方面读写性能得到了提升,但另一方面,由于数据切割分散存储于不同磁盘,一旦其中一块磁盘损坏,RAID 上面所有数据都会损坏。因此,从数据安全方面考虑,重要数据不适合使用 RAID 0。

② RAID 1。RAID 1 称为镜像模式(mirror),此种模式是让同一份完整的数据在多块不同的磁盘上存储。当数据写入 RAID 时,把每一份数据复制成相同的两份,分别放入两块磁盘中存放。这种模式可以实现数据备份作用。当其中一块磁盘损坏时,数据不受影响,如图 3-2 所示。

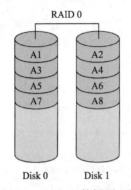

图 3-1　RAID 0 数据写入图

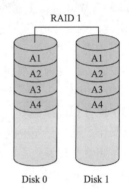

图 3-2　RAID 1 数据写入图

但此种模式需要复制多份数据到各个磁盘,在大量写入的情况下,写性能会降低;由于可以从不同磁盘读入数据,因此读性能会有略微提升。需要的磁盘数大于或等于两块磁盘,磁盘可用空间为磁盘数×最小磁盘的大小/2。

③ RAID 5。RAID 5 对性能和数据备份进行了均衡考虑,实现方式是使用 3 块或 3 块以上磁盘组成磁盘阵列。数据写入方式类似于 RAID 0,但区别是在每个循环写入过程中,轮流在其中一块磁盘存储其他几个磁盘数据的同位检验码(parity),同位检验码根据其他磁盘数据同位相与或进行计算得到,当其中任何一个磁盘损坏时,可通过其他磁盘校验码重建磁盘数据,如图 3-3 所示。但当多于一块磁盘损坏时,数据则无法恢复。

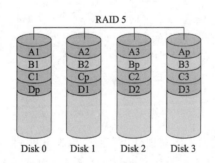

图 3-3　RAID 5 数据写入图

RAID 5 对读性能有较好的提升,由于写入时需要对数据进行同位检验码计算,所以写性能的提升较低于读性能的提升。磁盘可用空间为(磁盘数-1)×最小磁盘的大小。

另外,当其中一块磁盘损坏后,如果没有预备磁盘顶替,则每一次读取数据都需要经过数据检验计算出损坏磁盘的数据,RAID 工作于降级状态,对性能有极大的影响。RAID 6 在 RAID 5 的基础上多增加一块磁盘当校验盘,即支持两块磁盘做校验盘。

④ RAID 10。RAID 10 模式可以看作 RAID 1 和 RAID 0 的最低组合,最少要 4 块磁盘,先两两做 RAID 1,然后再组成 RAID 0。当 RAID 10 有一个硬盘受损,其余硬盘会继续运作。而与 RAID 10 相似的 RAID 01 只要有一个硬盘受损,同组 RAID 0 的所有硬盘都会停止运作,只剩下其他组的硬盘运作,可靠性较低。因此,RAID 10 远较 RAID 01 常用,零售主板绝大部分支持 RAID 0/1/5/10,但不支持 RAID 01。RAID10 的结构如图 3-4 所示。

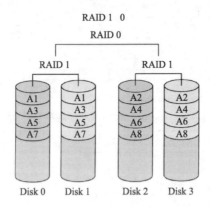

图 3-4　RAID 10 数据写入图

⑤ 常用 RAID 各方面参数对比见表 3-2。

表 3-2　常用 RAID 各方面参数对比

RAID Level	性能提升	冗余能力	利用空间率/%	磁盘数量/块
RAID 0	读、写提升	无	100	≥2
RAID 1	读性能提升,写性能下降	有	50	≥2
RAID 5	读、写提升	有	$(n-1)/n$	≥3
RAID 10	读、写提升	有	50	≥4
RAID 01	读、写提升	有	50	≥4

(3) RAID 的实现方式

① 基于硬件的方式。在一个基于总线的主机系统中,通过连接硬盘到单独一个 CPU 和 RAID 卡上,在操作系统中添加硬件卡驱动程序的方式来实现 RAID。这种卡有自己的 BIOS 和 Firmware,卡上带有处理器、协处理器、缓存等,可以做包括奇偶检验和数据分段在内的所有工作。主控总线方案通常用在 PCI(Peripheral Component Interconnect,外设部件互联标准)总线系统上。最基本的规则是主控总线速度越快,RAID 子系统的速度就越快。主要表现为:

- 外接式磁盘阵列:通过 PCI 或 PCI-E 扩展卡提供适配能力。
- 内接式磁盘阵列:主板上集成的 RAID 控制器。

② 基于软件的方式。通过操作系统软件实现 RAID,在操作系统中可集成 RAID 的功能。这种方式的优点是不用额外的硬件就可以获得较高的数据安全,费用较低。缺点是所有 RAID 功能都由主机承担,占用较多的系统资源。mdadm 命令用于管理系统软件 RAID 磁盘阵列。其格式为:

madam [模式] <RAID设备名称> [选项] <成员设备名称>

mdadm 管理 RAID 阵列的动作见表 3-3。

表 3-3 mdadm 管理 RAID 阵列的动作

名称	作用
Assemble	将设备加入以前定义的阵列
Build	创建一个没有超级块的阵列
Create	创建一个新的阵列，每个设备具有超级块
Manage	管理阵列（如添加和删除）
Misc	允许单独对阵列中的某个设备进行操作（如停止阵列）
Follow or Monitor	监控状态
Grow	改变阵列的容量或设备数目

madam 管理 RAID 阵列的参数见表 3-4。

表 3-4 mdadm 管理 RAID 阵列的参数

参数	作用
-a	检测设备名称
-n	指定设备数量
-l	指定 RAID 级别
-C	创建
-v	显示过程
-f	模拟设备损坏
-r	移除设备
-a	添加设备
-Q	查看摘要信息
-D	查看详细信息
-S	停止阵列

任务 3.1 创建与使用 LVM 逻辑卷

任务描述

本任务主要介绍 LVM 逻辑卷技术的使用。LVM 逻辑卷技术主要用在磁盘整合和卷的灵活分配上。本任务从硬盘的分区到创建物理卷 PV，再到使用物理卷 PV 组成卷组 VG，最后从卷组 VG 中创建逻辑卷 LVM 并格式化挂载使用。全面介绍了 LVM 逻辑卷的创建过程与使用方法。通过本任务的学习，可以帮助读者快速掌握 LVM 逻辑卷技术。

任务分析

该任务需要一台虚拟机进行实验，具体规划如下。

1. 节点规划

LVM 逻辑卷实验节点规划见表 3-5。

表 3-5　节点规划

IP	主 机 名	节　　点
192.168.200.35	lvm	LVM 逻辑卷实验节点

2. 环境准备

使用 VMware Workstation 最小化安装一台虚拟机，配置使用 1vCPU/2 GB 内存/40 GB 硬盘，镜像使用 CentOS-7-x86_64-DVD-1804.iso，网络使用 NAT 模式，并将 NAT 模式的网段配置成 192.168.200.0/24。虚拟机安装完毕后，配置虚拟机 IP（可自行配置 IP 地址，此处配置的地址为 192.168.200.35），最后使用远程连接工具进行连接。

LVM 实验需要一块磁盘，使用 VMware 软件给虚拟机添加一块大小为 20 GB 的硬盘，方法如下：

在 VMware Workstation 虚拟机设置界面下方单击"添加"按钮，选择"硬盘"选项，然后单击"下一步"按钮，如图 3-5 所示。

图 3-5　添加硬盘

选择 SCSI（S）磁盘，单击"下一步"按钮，如图 3-6 所示。

图 3-6　选择磁盘类型

选择"创建新虚拟磁盘（V）"单选按钮，单击"下一步"按钮，如图3-7所示。

图3-7 选择磁盘

指定磁盘大小为20 GB，选择"将虚拟磁盘存储为单个文件（O）"单选按钮，如图3-8所示。

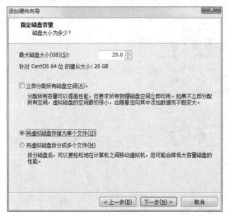

图3-8 指定磁盘容量

文件名保持默认名称，单击"完成"按钮，如图3-9所示。

添加完磁盘后，重启虚拟机。重启之后，使用命令查看磁盘，命令如下：

```
[root@localhost ~]# lsblk
NAME              MAJ:MIN  RM  SIZE  RO TYPE MOUNTPOINT
sda                 8:0    0   20G   0  disk
├─sda1              8:1    0   500M  0  part /boot
└─sda2              8:2    0   19.5G 0  part
  ├─centos-root   253:0    0   17.5G 0  lvm  /
  └─centos-swap   253:1    0   2G    0  lvm  [SWAP]
sdb                 8:16   0   20G   0  disk
sr0                11:0    1   4G    0  rom
```

可以看到存在一块名称为 sdb 的块设备，大小为 20 GB。

任务实施

1. 基础环境准备

首先将虚拟机的主机名修改为 lvm，命令如下：

```
[root@localhost ~]# hostnamectl set-hostname lvm
[root@localhost ~]# bash                    //断开重新连接
[root@lvm ~]# hostnamectl
   Static hostname: lvm
        con name: computer-vm
         Chassis: vm
      Machine ID: 1d0a70113a074d488dc3b581178a59b8
         Boot ID: 7285608fd50c4da886e94c6a33873ed9
  Virtualization: vmware
Operating System: CentOS Linux 7 (Core)
     CPE OS Name: cpe:/o:centos:centos:7
          Kernel: Linux 3.10.0-862.el7.x86_64
    Architecture: x86-64
```

2. 创建物理卷

在创建物理卷之前，需要对磁盘进行分区。首先使用 fdisk 命令对 sdb 进行分区操作，分出两个大小为 5 GB 的分区，命令如下：

```
[root@lvm ~]# fdisk /dev/sdb
Welcome to fdisk (util-linux 2.23.2).

Changes will remain in memory only, until you decide to write them.
Be careful before using the write command.

Device does not contain a recognized partition table
Building a new DOS disklabel with disk identifier 0x9e46a7c2.

Command (m for help): p

Disk /dev/sdb: 21.5 GB, 21474836480 bytes, 41943040 sectors
Units = sectors of 1 * 512 = 512 bytes
Sector size (logical/physical): 512 bytes / 512 bytes
I/O size (minimum/optimal): 512 bytes / 512 bytes
```

```
Disk label type: dos
Disk identifier: 0x9e46a7c2

   Device Boot      Start         End      Blocks   Id  System

Command (m for help): n
Partition type:
   p   primary (0 primary, 0 extended, 4 free)
   e   extended
Select (default p): p
Partition number (1-4, default 1):
First sector (2048-41943039, default 2048):
Using default value 2048
Last sector, +sectors or +size{K,M,G} (2048-41943039, default 41943039): +5G
Partition 1 of type Linux and of size 5 GiB is set

Command (m for help): n
Partition type:
   p   primary (1 primary, 0 extended, 3 free)
   e   extended
Select (default p): p
Partition number (2-4, default 2):
First sector (10487808-41943039, default 10487808):
Using default value 10487808
Last sector, +sectors or +size{K,M,G} (10487808-41943039, default 41943039): +5G
Partition 2 of type Linux and of size 5 GiB is set

Command (m for help): p

Disk /dev/sdb: 21.5 GB, 21474836480 bytes, 41943040 sectors
Units = sectors of 1 * 512 = 512 bytes
Sector size (logical/physical): 512 bytes / 512 bytes
I/O size (minimum/optimal): 512 bytes / 512 bytes
Disk label type: dos
Disk identifier: 0x9e46a7c2

   Device Boot      Start         End      Blocks   Id  System
/dev/sdb1           2048       10487807    5242880   83  Linux
/dev/sdb2       10487808       20973567    5242880   83  Linux

Command (m for help): w
The partition table has been altered!

Calling ioctl() to re-read partition table.
Syncing disks.
[root@lvm ~]# lsblk
NAME       MAJ:MIN  RM   SIZE  RO TYPE MOUNTPOINT
sda          8:0     0    20G   0  disk
├─sda1       8:1     0   500M   0  part /boot
└─sda2       8:2     0  19.5G   0  part
```

```
  ├─centos-root   253:0    0    17.5G  0  lvm  /
  └─centos-swap   253:1    0    2G     0  lvm  [SWAP]
sdb                8:16    0    20G    0  disk
  ├─sdb1           8:17    0    5G     0  part
  └─sdb2           8:18    0    5G     0  part
sr0               11:0     1    4G     0  rom
```

完成分区后, 对这两个分区创建物理卷, 命令如下:

```
[root@localhost ~]# pvcreate /dev/sdb1 /dev/sdb2
  Physical volume "/dev/sdb1" successfully created
  Physical volume "/dev/sdb2" successfully created
```

创建完毕后, 查看物理卷的简单信息与详细信息, 命令如下:

物理卷简单信息:

```
[root@localhost ~]# pvs
  PV         VG      Fmt   Attr  PSize   PFree
  /dev/sda2  centos  lvm2  a--   19.51g  40.00m
  /dev/sdb1          lvm2  ---   5.00g   5.00g
  /dev/sdb2          lvm2  ---   5.00g   5.00g
```

物理卷详细信息:

```
[root@localhost ~]# pvdisplay
  --- Physical volume ---
  PV Name               /dev/sda2
  VG Name               centos
  PV Size               19.51 GiB / not usable 3.00 MiB
  Allocatable           yes
  PE Size               4.00 MiB
  Total PE              4994
  Free PE               10
  Allocated PE          4984
  PV UUID               78lNjC-ofC2-YQIH-O2RA-3ZHG-N8dM-d4Hve2

  "/dev/sdb1" is a new physical volume of "5.00 GiB"
  --- NEW Physical volume ---
  PV Name               /dev/sdb1
  VG Name               
  PV Size               5.00 GiB
  Allocatable           NO
  PE Size               0
  Total PE              0
  Free PE               0
  Allocated PE          0
  PV UUID               73POMD-3fHz-k0Gj-vG64-KAA0-qnzO-ZqdvnB

  "/dev/sdb2" is a new physical volume of "5.00 GiB"
  --- NEW Physical volume ---
  PV Name               /dev/sdb2
  VG Name               
  PV Size               5.00 GiB
  Allocatable           NO
```

```
PE Size                  0
Total PE                 0
Free PE                  0
Allocated PE             0
PV UUID                  ImEUkD-dEb9-zvE3-gyO4-9kpN-MPCb-NchoSf
```

3. 创建卷组

使用刚才创建好的两个物理卷，创建名为 myvg 的卷组，命令如下：

```
[root@lvm ~]# vgcreate myvg /dev/sdb[1-2]
Volume group "myvg" successfully created
```

查看卷组信息（可以查看到创建的 myvg 卷组，名为 centos 的卷组是系统卷组，因为在安装系统时，使用的是 LVM 模式），命令如下：

```
[root@lvm ~]# vgs
VG       #PV  #LV  #SN  Attr     VSize    VFree
centos   1    2    0    wz--n-   19.51g   40.00m
myvg     2    0    0    wz--n-   9.99g    9.99g
```

查看卷组详细信息，命令如下：

```
[root@lvm ~]# vgdisplay
--- Volume group ---
VG Name                centos
System ID
Format                 lvm2
Metadata Areas         1
Metadata Sequence No   3
VG Access              read/write
VG Status              resizable
MAX LV                 0
Cur LV                 2
Open LV                2
Max PV                 0
Cur PV                 1
Act PV                 1
VG Size                19.51 GiB
PE Size                4.00 MiB
Total PE               4994
Alloc PE / Size        4984 / 19.47 GiB
Free  PE / Size        10 / 40.00 MiB
VG UUID                2H21hv-L20X-mqhJ-SvzR-crT2-ln9v-jj2gTY

--- Volume group ---
VG Name                myvg
System ID
Format                 lvm2
Metadata Areas         2
Metadata Sequence No   1
VG Access              read/write
VG Status              resizable
MAX LV                 0
Cur LV                 0
```

```
  Open LV               0
  Max PV                0
  Cur PV                2
  Act PV                2
  VG Size               9.99 GiB
  PE Size               4.00 MiB
  Total PE              2558
  Alloc PE / Size       0 / 0
  Free  PE / Size       2558 / 9.99 GiB
  VG UUID               PYGJuQ-s1Ix-ZwGf-kFaV-4Lfh-ooHl-QXcy6a
```

当多个物理卷组合成一个卷组后，LVM 会在所有物理卷上做类似格式化的工作，将每个物理卷切成一块一块的空间，这一块一块的空间称为 PE，它的默认大小是 4 MB。

由于受内核限制的原因，一个逻辑卷 LV 最多包含 65 536 个 PE，所以一个 PE 的大小就决定了逻辑卷的最大容量，4 MB 的 PE 决定了单个逻辑卷最大容量为 256 GB，若希望使用大于 256 GB 的逻辑卷，则创建卷组时需要指定更大的 PE。

删除卷组，重新创建卷组，并指定 PE 大小为 16 MB，命令如下：

```
[root@lvm ~]# vgremove myvg
Volume group "myvg" successfully removed
[root@lvm ~]# vgcreate -s 16m myvg /dev/sdb[1-2]
Volume group "myvg" successfully created
[root@lvm ~]# vgdisplay
--- Volume group ---
VG Name               centos
System ID
Format                lvm2
Metadata Areas        1
Metadata Sequence No  3
VG Access             read/write
VG Status             resizable
MAX LV                0
Cur LV                2
Open LV               2
Max PV                0
Cur PV                1
Act PV                1
VG Size               19.51 GiB
PE Size               4.00 MiB
Total PE              4994
Alloc PE / Size       4984 / 19.47 GiB
Free  PE / Size       10 / 40.00 MiB
VG UUID               2H21hv-L20X-mqhJ-SvzR-crT2-ln9v-jj2gTY

--- Volume group ---
VG Name               myvg
System ID
Format                lvm2
Metadata Areas        2
Metadata Sequence No  1
```

```
VG Access              read/write
VG Status              resizable
MAX LV                 0
Cur LV                 0
Open LV                0
Max PV                 0
Cur PV                 2
Act PV                 2
VG Size                9.97 GiB
PE Size                16.00 MiB
Total PE               638
Alloc PE / Size        0 / 0
Free  PE / Size        638 / 9.97 GiB
VG UUID                dU0pP2-EW9d-6c0h-8tgQ-t1bN-tBIo-FDqfdR
```

可以查看到现在 myvg 卷组的 PE 大小为 16 MB。

向卷组 myvg 中添加一个物理卷，在/dev/sdb 上再分一个/dev/sdb3 分区，把该分区加到卷组 myvg 中。命令如下：

```
[root@lvm ~]# lsblk
NAME              MAJ:MIN  RM  SIZE   RO  TYPE  MOUNTPOINT
sda               8:0      0   20G    0   disk
├─sda1            8:1      0   500M   0   part  /boot
└─sda2            8:2      0   19.5G  0   part
  ├─centos-root  253:0     0   17.5G  0   lvm   /
  └─centos-swap  253:1     0   2G     0   lvm   [SWAP]
sdb               8:16     0   20G    0   disk
├─sdb1            8:17     0   5G     0   part
├─sdb2            8:18     0   5G     0   part
└─sdb3            8:19     0   5G     0   part
sr0               11:0     1   4G     0   rom
```

将创建的/dev/sdb3 添加到 myvg 卷组中，在添加过程中，会自动将/dev/sdb3 创建为物理卷，命令如下：

```
[root@lvm ~]# vgextend myvg /dev/sdb3
Physical volume "/dev/sdb3" successfully created
Volume group "myvg" successfully extended
[root@lvm ~]# vgs
VG      #PV  #LV  #SN  Attr    Vsize    VFree
centos  1    2    0    wz--n-  19.51g   40.00m
myvg    3    0    0    wz--n-  14.95g   14.95g
[root@localhost ~]# vgdisplay myvg
  --- Volume group ---
  VG Name               myvg
  System ID
  Format                lvm2
  Metadata Areas        3
  Metadata Sequence No  2
  VG Access             read/write
  VG Status             resizable
  MAX LV                0
```

```
Cur LV                  0
Open LV                 0
Max PV                  0
Cur PV                  3
Act PV                  3
VG Size                 14.95 GiB
PE Size                 16.00 MiB
Total PE                957
Alloc PE / Size         0 / 0
Free  PE / Size         957 / 14.95 GiB
VG UUID                 dU0pP2-EW9d-6c0h-8tgQ-t1bN-tBIo-FDqfdR
```

可以查看到现在卷组中存在三个物理卷设备。

4. 创建逻辑卷与使用

创建逻辑卷，名称为 mylv，大小为 5 GB。命令如下：

```
[root@lvm ~]# lvcreate -L +5G -n mylv myvg
Logical volume "mylv" created.
```

- -L：创建逻辑卷的大小 large。
- -n：创建的逻辑卷的名称 name。

查看逻辑卷，命令如下：

```
[root@lvm ~]# lvs
LV    VG     Attr        LSize  Pool Origin Data%  Meta%  Move Log Cpy%Sync Convert
root  centos -wi-ao----  17.47g
swap  centos -wi-ao----   2.00g
mylv  myvg   -wi-a-----   5.00g
```

扫描上一步创建的 lv 逻辑卷。命令如下：

```
[root@lvm ~]# lvscan
ACTIVE               '/dev/centos/root' [17.47 GiB] inherit
ACTIVE               '/dev/centos/swap' [2.00 GiB] inherit
ACTIVE               '/dev/myvg/mylv' [5.00 GiB] inherit
```

使用 ext4 文件系统格式化逻辑卷 mylv。命令如下：

```
[root@lvm ~]# mkfs.ext4 /dev/mapper/myvg-mylv
mke2fs 1.42.9 (28-Dec-2013)
Filesystem label=
OS type: Linux
Block size=4096 (log=2)
Fragment size=4096 (log=2)
Stride=0 blocks, Stripe width=0 blocks
327680 inodes, 1310720 blocks
65536 blocks (5.00%) reserved for the super user
First data block=0
Maximum filesystem blocks=1342177280
40 block groups
32768 blocks per group, 32768 fragments per group
8192 inodes per group
Superblock backups stored on blocks:
    32768, 98304, 163840, 229376, 294912, 819200, 884736
```

```
Allocating group tables: done
Writing inode tables: done
Creating journal (32768 blocks): done
Writing superblocks and filesystem accounting information: done
```

把逻辑卷 mylv 挂载到/mnt 下并验证。命令如下：

```
[root@lvm ~]# mount /dev/mapper/myvg-mylv /mnt/
[root@lvm ~]# df -h
Filesystem               Size  Used Avail Use% Mounted on
/dev/mapper/centos-root  18G   872M 17G   5%   /
devtmpfs                 1.9G  0    1.9G  0%   /dev
tmpfs                    1.9G  0    1.9G  0%   /dev/shm
tmpfs                    1.9G  8.6M 1.9G  1%   /run
tmpfs                    1.9G  0    1.9G  0%   /sys/fs/cgroup
/dev/sda1                497M  125M 373M  25%  /boot
tmpfs                    378M  0    378M  0%   /run/user/0
/dev/mapper/myvg-mylv    4.8G  20M  4.6G  1%   /mnt
```

然后对创建的 LVM 卷扩容至 1 GB。

```
[root@lvm ~]# lvextend -L +1G /dev/mapper/myvg-mylv
Size of logical volume myvg/mylv changed from 5.00 GiB (320 extents) to 6.00 GiB (384 extents).
Logical volume mylv successfully resized.
[root@lvm ~]# lvs
LV   VG     Attr       LSize  Pool Origin Data%  Meta%  Move Log Cpy%Sync Convert
root centos -wi-ao---- 17.47g
swap centos -wi-ao----  2.00g
mylv myvg   -wi-ao----  6.00g
[root@lvm ~]# df -h
Filesystem               Size  Used Avail Use% Mounted on
/dev/mapper/centos-root  18G   872M 17G   5%   /
devtmpfs                 1.9G  0    1.9G  0%   /dev
tmpfs                    1.9G  0    1.9G  0%   /dev/shm
tmpfs                    1.9G  8.6M 1.9G  1%   /run
tmpfs                    1.9G  0    1.9G  0%   /sys/fs/cgroup
/dev/sda1                497M  125M 373M  25%  /boot
tmpfs                    378M  0    378M  0%   /run/user/0
/dev/mapper/myvg-mylv    4.8G  20M  4.6G  1%   /mnt
```

可以查看到 LVM 卷的大小变成了 6 GB，但是挂载信息中没有发生变化，这时系统还识别不了新添加的磁盘文件系统，所以还需要对文件系统进行扩容。

```
[root@lvm ~]# resize2fs /dev/mapper/myvg-mylv
resize2fs 1.42.9 (28-Dec-2013)
Filesystem at /dev/mapper/myvg-mylv is mounted on /mnt; on-line resizing required
old_desc_blocks = 1, new_desc_blocks = 1
The filesystem on /dev/mapper/myvg-mylv is now 1572864 blocks long.

[root@lvm ~]# df -h
Filesystem               Size  Used Avail Use% Mounted on
```

```
/dev/mapper/centos-root   18G    872M  17G    5%   /
devtmpfs                  1.9G   0     1.9G   0%   /dev
tmpfs                     1.9G   0     1.9G   0%   /dev/shm
tmpfs                     1.9G   8.6M  1.9G   1%   /run
tmpfs                     1.9G   0     1.9G   0%   /sys/fs/cgroup
/dev/sda1                 497M   125M  373M   25%  /boot
tmpfs                     378M   0     378M   0%   /run/user/0
/dev/mapper/myvg-mylv     5.8G   20M   5.5G   1%   /mnt
```
扩容逻辑卷成功。

任务 3.2　构建与使用 RAID 磁盘阵列

任务描述

本任务主要介绍 RAID 磁盘阵列的构建与使用。RAID 磁盘阵列一般用于服务器设备中磁盘的整合，通过 RAID 阵列卡，可以将普通的硬盘设备整合成一个存储设备，并增加其冗余度和性能。本任务使用虚拟机中的硬盘模拟实际硬盘，使用 mdadm 工具制作软件 RAID 磁盘阵列，模拟真实环境，分别介绍 RAID 0 和 RAID 5 两种磁盘阵列的构建与使用。

任务分析

该任务需要一台虚拟机进行实验，具体规划如下。

1. 节点规划

RAID 磁盘阵列实验节点规划见表 3-6。

表 3-6　节点规划

IP	主 机 名	节　　点
192.168.200.36	raid	RAID 磁盘阵列节点

2. 环境准备

使用 VMware Workstation 最小化安装一台虚拟机，配置使用 1vCPU/2 GB 内存/40 GB 硬盘，镜像使用 CentOS-7-x86_64-DVD-1804.iso，网络使用 NAT 模式，并将 NAT 模式的网段配置成 192.168.200.0/24。虚拟机安装完毕后，配置虚拟机 IP（可自行配置 IP 地址，此处配置的地址为 192.168.200.36），最后使用远程连接工具进行连接。

RAID 实验需要若干块磁盘，使用 VMware 软件给虚拟机添加若干块大小为 20 GB 的硬盘，方法如任务 3.1 中所示，此处不再赘述。

任务实施

1. 基础环境准备

首先将虚拟机的主机名修改为 raid，命令如下：

```
[root@localhost ~]# hostnamectl set-hostname raid
[root@localhost ~]# bash          //断开重新连接
[root@raid ~]# hostnamectl
```

```
        Static hostname: raid
              Icon name: computer-vm
                Chassis: vm
             Machine ID: 1d0a70113a074d488dc3b581178a59b8
                Boot ID: 7285608fd50c4da886e94c6a33873ed9
         Virtualization: vmware
       Operating System: CentOS Linux 7 (Core)
            CPE OS Name: cpe:/o:centos:centos:7
                 Kernel: Linux 3.10.0-862.el7.x86_64
           Architecture: x86-64
```

2. 创建 RAID 0

创建 RAID 0 级别的磁盘阵列最少需要两块硬盘,所以首先需要使用 VMware 软件给该台虚拟机添加两个 20 GB 的硬盘。然后利用这两个 20 GB 的硬盘组建磁盘阵列 RAID 0,模拟 1 个 40 GB 的硬盘。首先查看当前硬盘数量与大小,命令如下:

```
[root@raid ~]# lsblk
NAME              MAJ:MIN  RM   SIZE  RO  TYPE  MOUNTPOINT
sda                 8:0     0    20G   0  disk
├─sda1              8:1     0   500M   0  part  /boot
└─sda2              8:2     0  19.5G   0  part
  ├─centos-root   253:0     0  17.5G   0  lvm   /
  └─centos-swap   253:1     0     2G   0  lvm   [SWAP]
sdb                 8:16    0    20G   0  disk
sdc                 8:32    0    20G   0  disk
sr0                11:0     1     4G   0  rom
```

可以看到两个硬盘 sdb 和 sdc,大小都为 20 GB。

配置本地 yum 安装源,将提供的 mdadm_yum 文件夹上传至/opt 目录,示例代码如下:

```
[root@raid ~]# mv /etc/yum.repos.d/* /media/
[root@raid ~]# vi /etc/yum.repos.d/yum.repo
[mdadm]
name=mdadm
baseurl=file:///opt/mdadm_yum/
gpgcheck=0
enabled=1
```

安装工具 mdadm,使用已有 yum 源进行安装,命令如下:

```
[root@raid ~]# yum install -y mdadm
```

创建一个 RAID 0 设备:这里使用/dev/sdb 和/dev/sdc 做实验。

将/dev/sdb 和/dev/sdc 建立 RAID 等级为 RAID 0 的 md0(设备名)。

```
[root@raid ~]# mdadm -Cv /dev/md0 -l 0 -n 2 /dev/sdb /dev/sdc
mdadm: chunk size defaults to 512K
mdadm: Fail create md0 when using /sys/module/md_mod/parameters/new_array
mdadm: Defaulting to version 1.2 metadata
mdadm: array /dev/md0 started.
```

命令解析:

① -Cv:创建设备,并显示信息。

② -l 0:RAID 的等级为 RAID 0。

③ -n 2：创建 RAID 的设备为 2 块。

查看系统上的 RAID，命令及返回结果如下：

```
[root@raid ~]# cat /proc/mdstat
Personalities : [raid0]
md0 : active raid0 sdc[1] sdb[0]
      41908224 blocks super 1.2 512k chunks
unused devices: <none>
```

查看 RAID 详细信息，命令及返回结果如下：

```
[root@raid ~]# mdadm -Ds
ARRAY /dev/md0 metadata=1.2 name=localhost.localdomain:0 UUID=35792eb3:51f58189:44cef502:cdcee441
[root@localhost ~]# mdadm -D /dev/md0
/dev/md0:
           Version : 1.2
     Creation Time : Sat Oct  5 10:21:41 2019
        Raid Level : raid0
        Array Size : 41908224 (39.97 GiB 42.91 GB)
      Raid Devices : 2
     Total Devices : 2
       Persistence : Superblock is persistent

       Update Time : Sat Oct  5 10:21:41 2019
             State : clean
    Active Devices : 2
   Working Devices : 2
    Failed Devices : 0
     Spare Devices : 0

        Chunk Size : 512K

Consistency Policy : unknown

              Name : localhost.localdomain:0 (local to host localhost.localdomain)
              UUID : 35792eb3:51f58189:44cef502:cdcee441
            Events : 0

    Number   Major   Minor   RaidDevice State
       0       8       16        0      active sync   /dev/sdb
       1       8       32        1      active sync   /dev/sdc
```

生成配置文件 mdadm.conf，命令如下：

```
[root@raid ~]# mdadm -Ds > /etc/mdadm.conf
```

对创建的 RAID 进行文件系统创建并挂载，命令如下：

```
[root@raid ~]# mkfs.xfs /dev/md0
meta-data =/dev/md0         isize=256     agcount=16,    agsize=654720 blks
          =                 sectsz=512    attr=2,        projid32bit=1
          =                 crc=0         finobt=0
data      =                 bsize=4096    blocks=10475520, imaxpct=25
          =                 sunit=128     swidth=256 blks
naming    =version 2        bsize=4096    ascii-ci=0     ftype=0
log       =internal log     bsize=4096    blocks=5120,   version=2
          =                 sectsz=512    sunit=8 blks,  lazy-count=1
realtime  =none             extsz=4096    blocks=0,      rtextents=0
```

```
[root@raid ~]# mkdir /raid0/
[root@raid ~]# mount /dev/md0 /raid0/
[root@raid ~]# df -Th /raid0/
Filesystem     Type  Size  Used Avail Use% Mounted on
/dev/md0       xfs   40G   33M   40G   1%  /raid0
```

设置成开机自动挂载,命令如下:

```
[root@raid ~]# blkid /dev/md0
/dev/md0: UUID="8eafdcb6-d46a-430a-8004-d58a68dc0751" TYPE="xfs"
[root@raid ~]# echo "UUID=8eafdcb6-d46a-430a-8004-d58a68dc0751 /raid0 xfs defaults 0 0" >> /etc/fstab
```

删除 RAID 操作,命令如下:

```
[root@raid ~]# umount /raid0/
[root@raid ~]# mdadm -S /dev/md0
[root@raid ~]# rm -rf /etc/mdadm.conf
[root@raid ~]# rm -rf /raid0/
[root@raid ~]# mdadm --zero-superblock /dev/sdb
[root@raid ~]# mdadm --zero-superblock /dev/sdc
[root@raid ~]# vi /etc/fstab
UUID=8eafdcb6-d46a-430a-8004-d58a68dc0751 /raid0 xfs defaults 0 0
                                                                //删除此行
```

3. 创建 RAID 5

创建 RAID 5 级别的磁盘阵列最少需要三块硬盘,此处使用四块硬盘进行实验,使用三块磁盘构建一个 RAID 5,然后使用一块磁盘作为热备磁盘。具体命令如下:

```
[root@raid ~]# mdadm -Cv /dev/md5 -l5 -n3 /dev/sdb /dev/sdc /dev/sdd --spare-devices=1 /dev/sde
mdadm: layout defaults to left-symmetric
mdadm: layout defaults to left-symmetric
mdadm: chunk size defaults to 512K
mdadm: size set to 20954112K
mdadm: Fail create md5 when using /sys/module/md_mod/parameters/new_array
mdadm: Defaulting to version 1.2 metadata
mdadm: array /dev/md5 started.
```

查看 RAID 的详细信息,命令如下:

```
[root@raid ~]# mdadm -D /dev/md5
/dev/md5:
           Version : 1.2
     Creation Time : Sat Oct  5 13:17:41 2019
        Raid Level : raid5
        Array Size : 41908224 (39.97 GiB 42.91 GB)
     Used Dev Size : 20954112 (19.98 GiB 21.46 GB)
      Raid Devices : 3
     Total Devices : 4
       Persistence : Superblock is persistent

       Update Time : Sat Oct  5 13:19:27 2019
             State : clean
    Active Devices : 3
   Working Devices : 4
```

```
       Failed Devices : 0
        Spare Devices : 1
               Layout : left-symmetric
           Chunk Size : 512K
   Consistency Policy : unknown
                 Name : localhost.localdomain:5(local to host localhost.localdomain)
                 UUID : f51467bd:1199242b:bcb73c7c:160d523a
               Events : 18

    Number   Major   Minor   RaidDevice   State
       0       8       16         0       active sync     /dev/sdb
       1       8       32         1       active sync     /dev/sdc
       4       8       48         2       active sync     /dev/sdd
       3       8       64         -       spare           /dev/sde
```

至此，RAID 5 加热备盘创建完毕，使用方法与 RAID 0 相同，下面对 RAID 磁盘阵列进行运维操作。

4. RAID 磁盘阵列运维

模拟硬盘故障：

```
[root@raid ~]# mdadm -f /dev/md5 /dev/sdb
mdadm: set /dev/sdb faulty in /dev/md5
```

查看 RAID 的详细信息，命令如下：

```
[root@raid ~]# mdadm -D /dev/md5
/dev/md5:
              Version : 1.2
        Creation Time : Sat Oct  5 13:17:41 2019
           Raid Level : raid5
           Array Size : 41908224 (39.97 GiB 42.91 GB)
        Used Dev Size : 20954112 (19.98 GiB 21.46 GB)
         Raid Devices : 3
        Total Devices : 4
          Persistence : Superblock is persistent

          Update Time : Sat Oct  5 13:28:54 2019
                State : clean
       Active Devices : 3
      Working Devices : 3
       Failed Devices : 1
        Spare Devices : 0

               Layout : left-symmetric
           Chunk Size : 512K

   Consistency Policy : unknown

                 Name : localhost.localdomain:5(local to host localhost.localdomain)
                 UUID : f51467bd:1199242b:bcb73c7c:160d523a
               Events : 37

    Number   Major   Minor   RaidDevice   State
       3       8       64         0       active sync     /dev/sde
       1       8       32         1       active sync     /dev/sdc
```

```
       4        8       48        2          active sync   /dev/sdd
       0        8       16        -          faulty        /dev/sdb
```

从以上结果可以发现原来的热备盘/dev/sde 正在参与 RAID 5 的重建，而原来的/dev/sdb 变成了坏盘。

热移除故障盘，命令如下：

```
[root@raid ~]# mdadm -r /dev/md5 /dev/sdb
mdadm: hot removed /dev/sdb from /dev/md5
```

查看 RAID 的详细信息，命令如下：

```
[root@raid ~]# mdadm -D /dev/md5
/dev/md5:
           Version : 1.2
     Creation Time : Sat Oct  5 13:17:41 2019
        Raid Level : raid5
        Array Size : 41908224 (39.97 GiB 42.91 GB)
     Used Dev Size : 20954112 (19.98 GiB 21.46 GB)
      Raid Devices : 3
     Total Devices : 3
       Persistence : Superblock is persistent

       Update Time : Sat Oct  5 13:35:54 2019
             State : clean
    Active Devices : 3
   Working Devices : 3
    Failed Devices : 0
     Spare Devices : 0

            Layout : left-symmetric
        Chunk Size : 512K

Consistency Policy : unknown

              Name : localhost.localdomain:5  (local to host localhost.localdomain)
              UUID : f51467bd:1199242b:bcb73c7c:160d523a
            Events : 38

    Number   Major   Minor   RaidDevice State
       3       8       64        0          active sync   /dev/sde
       1       8       32        1          active sync   /dev/sdc
       4       8       48        2          active sync   /dev/sdd
```

格式化 RAID 并进行挂载，命令如下：

```
[root@raid ~]# mkfs.xfs /dev/md5
meta-data=/dev/md5              isize=256    agcount=16,   agsize=654720 blks
         =                       sectsz=512   attr=2,       projid32bit=1
         =                       crc=0        finobt=0
data     =                       bsize=4096   blocks=10475520, imaxpct=25
         =                       sunit=128    swidth=256 blks
naming   =version 2              bsize=4096   ascii-ci=0    ftype=0
log      =internal log           bsize=4096   blocks=5120,  version=2
         =                       sectsz=512   sunit=8 blks, lazy-count=1
realtime =none                   extsz=4096   blocks=0,     rtextents=0
[root@raid ~]# mount /dev/md5 /mnt/
[root@raid ~]# df -h
```

```
Filesystem              Size  Used  Avail  Use%  Mounted on
/dev/mapper/centos-root 18G   906M  17G    6%    /
devtmpfs                903M  0     903M   0%    /dev
tmpfs                   913M  0     913M   0%    /dev/shm
tmpfs                   913M  8.6M  904M   1%    /run
tmpfs                   913M  0     913M   0%    /sys/fs/cgroup
/dev/sda1               497M  125M  373M   25%   /boot
tmpfs                   183M  0     183M   0%    /run/user/0
/dev/md5                40G   33M   40G    1%    /mnt
```

RAID 磁盘阵列又可以正常挂载使用了。

单元小结

本单元主要介绍了 LVM 逻辑卷技术与 RAID 磁盘阵列技术，这两项技术都是 Linux 系统中常用的存储技术。一般在安装 Linux 操作系统时，会使用 LVM 卷技术，这样在系统根分区空间使用殆尽时，可以利用 LVM 卷技术，给系统根分区进行扩容操作。LVM 卷技术还用于存储空间的整合与灵活分配。RAID 磁盘阵列技术一般使用硬件 RAID 卡实现，用于提升服务器的磁盘读写性能和数据的冗余性，在本单元的案例中，使用软件工具模拟了磁盘阵列的构建与使用。通过本单元的学习，相信读者对 Linux 系统中常用存储服务有了一定的认识，也能使用该技术解决日常工作中一些实际的存储问题。

课后练习

1. LVM 逻辑卷能扩容存储的大小，那么是否可以收缩？
2. 除了 XFS 文件系统，Linux 系统中还有哪些常用的文件系统？
3. XFS 文件系统的特点是什么，能给 XFS 文件系统的逻辑卷进行扩容或者收缩操作吗？
4. 简述软件 RAID 磁盘阵列使用。
5. 除了介绍的几种 RAID 磁盘阵列等级，还有哪些常用的 RAID 级别？

实训练习

1. 使用一台虚拟机，自行添加三块大小为 20 GB 的硬盘，将这三块硬盘创建成物理卷，组成卷组，并在卷组中申请一个大小为 30 GB 的逻辑卷。

2. 使用一台虚拟机，自行添加两块大小为 20 GB 的硬盘，将这两块硬盘通过 mdadm 工具创建成一个 RAID 1 级别的磁盘阵列，并格式化挂载使用。

单元 4

数据库与缓存服务

单元描述

本单元主要介绍数据库与缓存服务。在大型网站架构中,数据库与缓存是必不可少的服务。在早期的网站架构中,从浏览器到网络,到应用服务器,再到数据库,随着访问量的增加,数据库响应力越差,用户体验越差。在数据库压力增大时,会引入读写分离,分库分表机制。当访问量达到十万、百万时,需要引入缓存技术。将已经访问过的内容或数据存储起来,当再次访问时,先找缓存,缓存命中返回数据;不命中再找数据库并回填缓存。

本单元通过对数据库与缓存服务的介绍、安装与使用,较全面地介绍了 MariaDB 数据库和 Redis 缓存数据库的使用场景与使用方法。

知识目标

(1)了解 MariaDB 数据库的起源、发展和应用场景;

(2)了解 MariaDB 数据库与 MySQL 的区别;

(3)了解 Redis 缓存数据库的起源、发展和应用场景;

(4)了解常用的缓存数据库。

能力目标

(1)能进行 MariaDB 数据库的安装、初始化和增删改查;

(2)能进行 Redis 缓存数据库的安装与使用;

(3)能应用 Redis 缓存数据库的主从架构。

素质目标

(1)养成科学思维方式审视专业问题的能力;

(2)养成实际动手操作与团队合作的能力。

本单元旨在让读者掌握 MariaDB 数据库和 Redis 缓存数据库的安装与使用,为了方便学习,将本单元拆分成两个任务。任务分解具体见表 4-1。

表 4-1 单元 4 任务分解

任务名称	任务目标	安排课时
任务 4.1 安装与使用 MariaDB 数据库	能安装数据库服务并使用	6
任务 4.2 安装与使用 Redis	能安装 Redis 缓存服务并使用	6
总 计		12

知识准备

1. MariaDB 数据库

（1）MariaDB 数据库简介

MySQL 是一个关系型数据库管理系统，由瑞典 MySQL AB 公司开发，目前属于 Oracle 旗下产品。MySQL 是较流行的关系型数据库管理系统之一，在 Web 应用方面，MySQL 数据库是最好的 RDBMS（Relational Database Management System，关系数据库管理系统）应用软件之一。

MariaDB 数据库管理系统是 MySQL 的一个分支，主要由开源社区维护，采用 GPL 授权许可，MariaDB 的目的是完全兼容 MySQL，包括 API 和命令行。MariaDB 是目前较受关注的 MySQL 数据库衍生版，也被视为开源数据库 MySQL 的替代品。MariaDB 由 MySQL 的创始人 Michael Widenius 主导开发，MariaDB 名称就来自 Michael Widenius 的女儿 Maria 的名字。他早年以 10 亿美元的价格，将自己创建的公司 MySQL AB 卖给了 SUN 公司，此后，随着 SUN 公司被 Oracle（甲骨文公司）收购，MySQL 的所有权归属 Oracle。甲骨文公司收购了 MySQL 后，有将 MySQL 闭源的风险，因此社区采用分支的方式来避开该风险。在存储引擎方面，使用 XtraDB 代替 MySQL 的 InnoDB。

（2）MariaDB 和 MySQL 的区别

MariaDB 直到 5.5 版，均依照 MySQL 的版本。因此，使用 MariaDB 5.5 的用户会从 MySQL 5.5 中了解到 MariaDB 的所有功能。MariaDB 从 2012 年 11 月 12 日起发布的 10.0.0 版开始，不再依照 MySQL 的版本号。10.0.x 版以 5.5 为基础，加上移植自 MySQL 5.6 版的功能和自行开发的新功能。

在存储引擎方面，从 10.0.9 版起使用 XtraDB（名称代号为 Aria）代替 MySQL 的 InnoDB。MariaDB 的 API 和协议兼容 MySQL，另外又添加了一些功能，以支持本地的非阻塞操作和进度报告。这意味着，所有使用 MySQL 的连接器、程序库和应用程序也将可以在 MariaDB 下工作。

MariaDB 和 MySQL 数据库的差异如下：

① 数据库的使用情况。

自 1995 年以来，MySQL 一直被视为迄今为止使用最广泛的开源数据库。许多 IT 巨头如 Twitter、YouTube、Netflix 和 PayPal，以及美国国家航空航天局（NASA），美国国防部队和沃尔玛都在使用 MySQL 数据库。

随着 MySQL 数据库被 Oracle 收购，为了避免数据库被闭源才出现了 MariaDB，也在各种 IT 巨头组织（如 Google、RedHat、CentOS 和 Fedora）中作为后端软件被广泛使用，因此 MariaDB 也有了强大的用户基础。

② 数据库和索引的结构。

MySQL 是一个纯粹的关系数据库，集成了一个 ANSI 标准的信息模式，由表、列、视图、过程、触发器、游标等组成。MySQL 的结构化查询语言（SQL）是 ANSI SQL 99。

而 MariaDB 是 MySQL 的一个分支，因此具有相同的数据库结构和索引。当从 MySQL 升级到 MariaDB 时，所有内容（如数据、表格定义、结构和 API 等）都保持一致。

③ 二进制和实现。

MySQL 是使用 C 和 C++开发的，并且完全兼容几乎所有操作系统，如 Microsoft Windows、

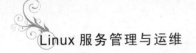

Mac OS、Linux、FreeBSD、UNIX、NetBSD、Novell Netware 和其他许多操作系统。

MariaDB 使用 C、C++、Bash 和 Perl 开发。它与 Microsoft Windows、Linux、Mac OS、FreeBSD、Solaris 等各种操作系统兼容。

④ 复制和集群。

MySQL 通过主主复制和主从复制提供强大的复制和集群功能，并利用 Galera 集群实现多主集群。

MariaDB 为终端用户提供与主主复制和主从复制相同的复制和集群功能。它还使用 10.1 版以后的 Galera Cluster。

⑤ 对数据库的支持。

MySQL 通过 Oracle 提供全天候的技术支持服务，支持团队由专业开发人员和工程师组成，他们提供各种工具，如错误修复、修补程序和版本发布。Oracle 根据用户的需求提供 MySQL 首要支持、扩展支持和持续支持。

MariaDB 通过开源社区，在线论坛或者通过专家为用户提供强有力的支持。MariaDB 通过企业订阅提供 24 小时全天候支持，尤其适用于任务关键型生产系统。

⑥ 安全性。

MySQL 为表空间数据提供了强大的加密机制。它提供了强大的安全参数，包括选择好的密码，不给用户不必要的特权，并通过防止 SQL 注入和数据损坏来确保应用程序安全。

MariaDB 在内部提供密码检查，验证模块（PAM）和轻量级目录访问协议（LDAP）认证，用户角色以及对表空间、表格和日志的强大加密等安全功能方面均取得了重大进展。

⑦ 可扩展性。

支持可扩展系统的数据库可以用许多不同的方式进行扩展，如添加新的数据类型、函数、运算符、聚集函数、索引方法和过程语言。MySQL 不支持可扩展性。

MariaDB 建立在现代架构的基础之上，可以在每一层——客户端、集群、内核和存储上进行扩展。这种可扩展性提供了两个主要优势。它允许通过插件实现持续的社区创新，这意味着可以通过 MariaDB 的可扩展架构集成各种存储引擎，如 MariaDB ColumnStore 或 Facebook 的 MyRocks。此外，它使客户能够轻松配置 MariaDB 以支持从联机事务处理（OLTP）到联机分析处理（OLAP）的各种用例。

⑧ JSON 支持。

MySQL 支持本地 JSON 数据类型，可以在 JSON（JavaScript ObjectNotation）文档中高效地访问数据。

MariaDB Server 10.2 引入了一整套用于读写 JSON 文档的 24 个函数。另外，JSON_VALID 函数可以与校验约束一起使用，而像 JSON_VALUE 这样的函数可以与动态列一起使用来索引特定的字段。

⑨ 授权许可。

MySQL 在 GPL 下以开放源代码的方式提供代码，并以 MySQL Enterprise 形式提供非 GPL 商业分发选项。而 MariaDB 只能使用 GPL。

⑩ 性能。

MariaDB 基于 MySQL 做了许多创新从而实现了同类最佳性能。其中包括可以最大限度地提高处理效率的线程池管理，以及 InnoDB 数据存储区内的碎片整理等广泛的优化功能。

2. Redis 数据库

（1）Redis 数据库简介

Remote Dictionary Server（Redis）远程字典服务器是一个完全开源免费的，用 C 语言编写的，遵守 BSD 开源协议，高性能的（key/value）分布式内存数据库。Redis 基于内存运行，并支持持久化的 NoSQL 数据库，它也通常被称为数据结构服务器，因为它支持存储的 value 类型可以包含字符串（String）、链表（List）、哈希（Hash）、集合（Set）、有序集合（Zset）等多种数据结构。

与传统数据库不同的是 Redis 数据库的数据是存在内存中的，所以存写速度非常快，因此 Redis 被广泛应用于缓存方向。Redis 为分布式缓存，在多实例的情况下，各实例共用一份缓存数据，缓存具有一致性。

Redis 支持 add/remove、push/pop、交集/并集，以及各种不同方式的排序等丰富的数据操作。为了保证效率，Redis 的数据都是缓存在内存中的，当然它也支持两种持久化方案，即它可以周期性地把更新的数据写入磁盘或者把修改操作写入追加的记录文件。

（2）Redis 使用场景

将查询出的数据保存到 Redis 中后，下次查询时可直接从 Redis 中读取数据，不用和数据库进行交互。用户访问 Redis 缓存的方式如图 4-1 和图 4-2 所示。

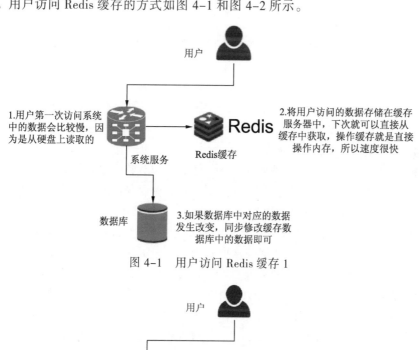

图 4-1　用户访问 Redis 缓存 1

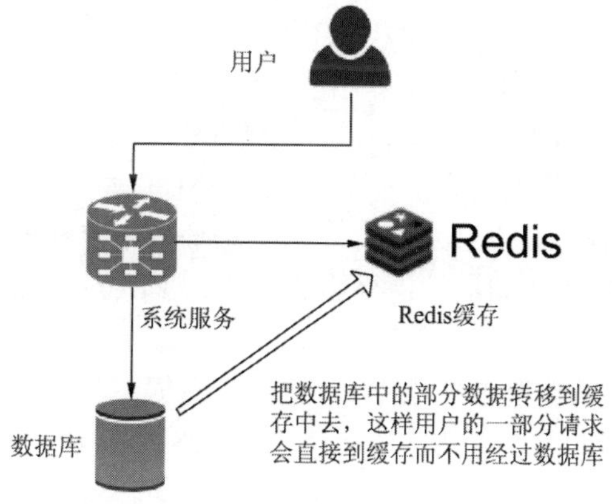

图 4-2　用户访问 Redis 缓存 2

什么数据会存到 Redis 数据库中？主要是不会经常改变的热点数据，一般是常量，如登录验证的 Cookie、购物车、历史浏览记录，又如具有一定生命周期的信息，如首页的商品信息、秒杀的商品信息、地图的经纬度等。

用户的关注列表、粉丝列表、消息列表等功能都可以用 Redis 的 List 结构来实现。Redis 可以非常方便地实现如共同关注、共同粉丝、共同喜好等功能（Set 类似于列表，但可自动排重）。

Redis 不但提供了无序集合（Sets），还提供了有序集合（Sorted Sets），因此，各种排行榜数据基本上都会使用 Redis 提供的 Sorted Sets 实现。

（3）Redis 的优势

① 性能极高。Redis 能读的速度是 110 000 次/s，写的速度是 81 000 次/s。

② 丰富的数据类型。Redis 支持二进制案例的 Strings、Lists、Hashes、Sets 及 Ordered Sets 数据类型操作。

③ 原子性。Redis 的所有操作都是原子性的，意思就是要么成功执行，要么失败完全不执行。单个操作是原子性的，多个操作也支持事务，即原子性，通过 MULTI 和 EXEC 指令来声明事务开始和事务提交。

④ 丰富的特性。Redis 还支持 publish/subscribe、通知、key 过期等特性。

（4）使用 Redis 的原因

有 memcached 使用经验的读者可能知道，用户只能用 APPEND 命令将数据添加到已有字符串的末尾。memcached 的文档中声明，可以用 APPEND 命令管理元素列表。用户可以将元素追加到一个字符串的末尾，并将那个字符串当作列表使用。但随后如何删除这些元素呢？memcached 采用的办法是通过黑名单（blacklist）隐藏列表中的元素，从而避免对元素执行读取、更新、写入（包括在一次数据库查询之后执行的 memcached 写入）等操作。相反，Redis 的 List 和 Set 允许用户直接添加或者删除元素。

使用 Redis 而不是 memcached 来解决问题，不仅可以让代码变得更简短、更易懂、更易维护，还可以使代码的运行速度更快（因为用户不需要通过读取数据库来更新数据）。除此之外，在其他情况下，Redis 的效率和易用性也比关系数据库好得多。

数据库的一个常见用法是存储长期的报告数据，并将这些报告数据用作固定时间范围内的聚合数据（aggregates）。收集聚合数据的常见做法是：先将各个行插入一个报告表中，之后通过扫描这些行收集聚合数据，并根据收集到的聚合数据更新聚合表中的已有行。之所以使用插入行的方式来存储，是因为对于大部分数据库来说，插入行操作的执行速度非常快（插入行只会在硬盘文件末尾进行写入）。不过，对表中的行进行更新却是一个速度相当慢的操作，因为这种更新除了会引起一次随机读（random read）之外，还可能会引起一次随机写（random write）。而在 Redis 中，用户可以直接使用原子的（atomic）INCR 命令及其变种计算聚合数据，并且因为 Redis 将数据存储在内存，而且发送给 Redis 的命令请求并不需要经过典型的查询分析器（parser）或者查询优化器（optimizer）进行处理，所以对 Redis 存储的数据执行随机写的速度总是非常迅速的。

使用 Redis 而不是关系数据库或者其他硬盘存储数据库，可以避免写入不必要的临时数据，也免去了对临时数据进行扫描或者删除的麻烦，并最终改善程序的性能。

（5）Redis 主从架构

① 主从复制。和 MySQL 主从复制的原因一样，Redis 虽然读取写入的速度都特别快，但是

也会产生读压力特别大的情况。为了分担读压力，Redis 支持主从复制，Redis 的主从结构可以采用一主多从或者级联结构，Redis 主从复制可以根据是否是全量分为全量同步和增量同步。

② 全量同步。Redis 全量复制一般发生在 Slave 初始化阶段，这时 Slave 需要将 Master 上的所有数据都复制一份。具体步骤如下：

- 从服务器连接主服务器，发送 SYNC 命令。
- 主服务器接收到 SYNC 命名后，开始执行 BGSAVE 命令，生成 RDB 文件，并使用缓冲区记录此后执行的所有写命令。
- 主服务器 BGSAVE 执行完后，向所有从服务器发送快照文件，并在发送期间继续记录被执行的写命令。
- 从服务器收到快照文件后丢弃所有旧数据，载入收到的快照。
- 主服务器快照发送完毕后开始向从服务器发送缓冲区中的写命令。
- 从服务器完成对快照的载入，开始接收命令请求，并执行来自主服务器缓冲区的写命令。

完成上面几个步骤后就完成了从服务器数据初始化的所有操作，从服务器此时可以接收来自用户的读请求。

③ 增量同步。Redis 增量复制是指 Slave 初始化后开始正常工作时，主服务器发生的写操作同步到从服务器的过程。增量复制的过程主要是主服务器每执行一个写命令就会向从服务器发送相同的写命令，从服务器接收并执行收到的写命令。

④ 主从同步策略。Redis 主从刚刚连接时，进行全量同步；全量同步结束后，进行增量同步。当然，如果有需要，Slave 在任何时候都可以发起全量同步。Redis 策略是，无论如何，首先会尝试进行增量同步，如不成功，要求从机进行全量同步。

> **注意**
>
> 如果多个 Slave 断线了，需要重启时，因为只要 Slave 启动，就会发送 sync 请求和主机全量同步，当多个请求同时出现时，可能会导致 Master IO 剧增宕机。

Redis 主从复制的配置十分简单,它可以使从服务器是主服务器的完全复制。需要清除 Redis 主从复制的几点重要内容：

- Redis 使用异步复制。但从 Redis 2.8 开始，从服务器会周期性地应答从复制流中处理的数据量。
- 一个主服务器可以有多个从服务器。
- 从服务器也可以接受其他从服务器的连接。除了多个从服务器连接到一个主服务器之外，多个从服务器也可以连接到一个从服务器上，形成一个树状结构。
- Redis 主从复制不阻塞主服务器端。也就是说当若干个从服务器在进行初始同步时，主服务器仍然可以处理请求。
- 主从复制也不阻塞从服务器端。当从服务器进行初始同步时，它使用旧版本的数据来应对查询请求。否则，用户可以配置当复制流关闭时让从服务器给客户端返回一个错误。但是，当初始同步完成后，需要删除旧的数据集和加载新的数据集，在这个短暂的时间内，从服务器会阻塞连接进来的请求。
- 主从复制可以用来增强扩展性，使用多个从服务器来处理只读的请求（例如，繁重的排序操作可以放到从服务器去做），也可以简单地用作数据冗余。

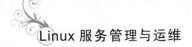

- 使用主从复制可以为主服务器免除把数据写入磁盘的消耗。在主服务器的 redis.conf 文件中配置"避免保存"（注释掉所有"保存"命令），然后连接一个配置为"进行保存"的从服务器即可。但是这个配置要确保主服务器不会自动重启。

任务 4.1　安装与使用 MariaDB 数据库

任务描述

本任务主要介绍 MariaDB 数据库的安装、初始化与基本的增、删、改、查操作，通过命令的实操，让读者快速掌握 MariaDB 数据库的使用。最后还通过数据库的运维操作，介绍了数据库的备份与恢复方法，定期备份数据库中的信息是一个良好的习惯。

任务分析

该任务需要一台虚拟机进行实验，具体规划如下。

1. 节点规划

MariaDB 数据库实验节点规划见表 4-2。

表 4-2　节点规划

IP	主机名	节点
192.168.200.37	mariadb	MariaDB 数据库节点

2. 环境准备

使用 VMware Workstation 最小化安装一台虚拟机，配置使用 1vCPU/2 GB 内存/40 GB 硬盘，镜像使用 CentOS-7-x86_64-DVD-1804.iso，网络使用 NAT 模式，并将 NAT 模式的网段配置成 192.168.200.0/24。虚拟机安装完毕之后，配置虚拟机 IP（可自行配置 IP 地址，此处配置的地址为 192.168.200.37），最后使用远程连接工具进行连接。

任务实施

1. 基础环境准备

首先将虚拟机的主机名修改为 mariadb，命令如下：

```
[root@localhost ~]# hostnamectl set-hostname mariadb
断开重新连接
[root@mariadb ~]# hostnamectl
   Static hostname: mariadb
         Icon name: computer-vm
           Chassis: vm
        Machine ID: 1d0a70113a074d488dc3b581178a59b8
           Boot ID: 7285608fd50c4da886e94c6a33873ed9
    Virtualization: vmware
  Operating System: CentOS Linux 7 (Core)
       CPE OS Name: cpe:/o:centos:centos:7
            Kernel: Linux 3.10.0-862.el7.x86_64
```

```
Architecture : x86-64
```

2. 安装数据库

配置本地 yum 安装源,将提供的文件上传至 /opt 目录,创建 local.repo 文件,示例代码如下:

```
[root@mariadb ~]# vi /etc/yum.repos.d/yum.repo
[mariadb]
name=mariadb
baseurl=file:///opt/mariadb_yum/
gpgcheck=0
enabled=1
[root@mariadb ~]# yum install -y mariadb mariadb-server
[root@mariadb ~]# systemctl start mariadb
```

3. 数据库初始化

安装并启动数据库服务后,需要对数据库进行初始化才能正常使用(给 root 用户设置密码为 000000),命令如下:

```
[root@mariadb ~]# mysql_secure_installation
NOTE: RUNNING ALL PARTS OF THIS SCRIPT IS RECOMMENDED FOR ALL MariaDB
      SERVERS IN PRODUCTION USE!  PLEASE READ EACH STEP CAREFULLY!

In order to log into MariaDB to secure it, we'll need the current
password for the root user.  If you've just installed MariaDB, and
you haven't set the root password yet, the password will be blank,
so you should just press enter here.

Enter current password for root (enter for none):     #默认按【Enter】键
OK, successfully used password, moving on...

Setting the root password ensures that nobody can log into the MariaDB
root user without the proper authorisation.

Set root password? [Y/n] y                 #输入 y,设置密码
New password:                              #输入密码 000000
Re-enter new password:                     #再次输入密码 000000
Password updated successfully!
Reloading privilege tables..
 ... Success!

By default, a MariaDB installation has an anonymous user, allowing anyone
to log into MariaDB without having to have a user account created for
them.  This is intended only for testing, and to make the installation
go a bit smoother.  You should remove them before moving into a
production environment.

Remove anonymous users? [Y/n] y            #按 y 移除匿名用户
 ... Success!

Normally, root should only be allowed to connect from 'localhost'.  This
ensures that someone cannot guess at the root password from the network.
```

```
Disallow root login remotely? [Y/n] n        #是否禁止root远程登录，此处输入n，
                                              不禁止

... skipping.

By default, MariaDB comes with a database named 'test' that anyone can
access. This is also intended only for testing, and should be removed
before moving into a production environment.

Remove test database and access to it? [Y/n] y    #输入y，删除测试数据库
 - Dropping test database...
 ... Success!
 - Removing privileges on test database...
 ... Success!

Reloading the privilege tables will ensure that all changes made so far
will take effect immediately.

Reload privilege tables now? [Y/n] y          #输入y，重新加载权限表
 ... Success!

Cleaning up...

All done! If you've completed all of the above steps, your MariaDB
installation should now be secure.

Thanks for using MariaDB!
```

4. 数据库使用

（1）登录数据库

登录数据库并创建一个名称为"test"的数据库。命令如下：

```
[root@mariadb ~]# mysql -uroot -p000000
Welcome to the MariaDB monitor.  Commands end with ; or \g.
Your MariaDB connection id is 9
Server version: 10.3.18-MariaDB MariaDB Server

Copyright (c) 2000, 2018, Oracle, MariaDB Corporation Ab and others.

Type 'help;' or '\h' for help. Type '\c' to clear the current input statement.

MariaDB [(none)]>
```

（2）创建数据库与表

创建库test，并在库test中创建表company，命令如下：

```
MariaDB [(none)]> create database test;
Query OK, 1 row affected (0.001 sec)
MariaDB [(none)]> use test
Database changed
MariaDB [test]> create table company(id int not null primary key,name varchar(50),addr varchar(255));
Query OK, 0 rows affected (0.165 sec)
```

（3）插入数据

向 company 表中插入一条数据并查询，命令如下：

```
MariaDB [test]> insert into company values(1,"facebook","usa");
Query OK, 1 row affected (0.062 sec)
MariaDB [test]> select * from company;
+----+----------+------+
| id | name     | addr |
+----+----------+------+
|  1 | facebook | usa  |
+----+----------+------+
1 row in set (0.000 sec)
```

（4）修改数据

将上一条数据中的地址改为 America，命令如下：

```
MariaDB [test]> update company set addr='America' where id=1;
Query OK, 1 row affected (0.01 sec)
Rows matched: 1  Changed: 1  Warnings: 0

MariaDB [test]> select * from company;
+----+----------+---------+
| id | name     | addr    |
+----+----------+---------+
|  1 | facebook | America |
+----+----------+---------+
1 row in set (0.00 sec)
```

可以看到数据发生了变化，在日常工作中，一般不会使用命令修改数据库的数据，会使用 Navicat 工具进行操作。

（5）删除数据

为了实验的演示效果，在删除数据之前，再向表 company 中插入一条数据，命令如下：

```
MariaDB [test]> insert into company values(2,"alibaba","china");
Query OK, 1 row affected (0.00 sec)

MariaDB [test]> select * from company;
+----+----------+----------+
| id | name     | addr     |
+----+----------+----------+
|  1 | facebook | America  |
|  2 | alibaba  | china    |
+----+----------+----------+
2 rows in set (0.00 sec)
```

然后删除 id 为 1 的数据，命令如下：

```
MariaDB [test]> delete from company where id=1;
Query OK, 1 row affected (0.01 sec)

MariaDB [test]> select * from company;
+------+---------+-------+
| id   | name    | addr  |
```

```
+-----+---------+-------+
|  2  | alibaba | china |
+-----+---------+-------+
1 row in set (0.00 sec)
```

此时 id 为 1 的数据就被删除了。还可以删除表中的全部数据，命令如下：

```
MariaDB [test]> delete from company;
Query OK, 1 row affected (0.00 sec)

MariaDB [test]> select * from company;
Empty set (0.00 sec)
```

此时再去查询表中的内容，显示为空，表中所有数据都被删除了。

（6）删除表与数据库

删除表或者数据库都使用 drop 命令，首先删除表 company，命令如下：

```
MariaDB [test]> drop table company;
Query OK, 0 rows affected (0.00 sec)

MariaDB [test]> show tables;
Empty set (0.00 sec)
```

可以看到表 company 被删除了，接着删除 test 数据库，命令如下：

```
MariaDB [test]> drop database test;
Query OK, 0 rows affected (0.00 sec)

MariaDB [(none)]> show databases;
+--------------------+
| Database           |
+--------------------+
| information_schema |
| mysql              |
| performance_schema |
+--------------------+
3 rows in set (0.00 sec)
```

数据库 test 被删除。

5. 数据库备份

按照上面的操作命令，创建 test 数据库和 company 表，并插入一条数据，然后导出整个数据库到/root 目录，命令如下：

```
[root@mariadb ~]# mysqldump -uroot -p000000 test > test.sql
[root@mariadb ~]# ls
test.sql
```

也可以单独导出一个表，命令如下：

```
[root@mariadb ~]# mysqldump -uroot -p000000 test tables > test_tables.sql
[root@mariadb ~]# ls
test.sql  test_tables.sql
```

删除 test 数据库进行导入测试,用 mysqldump 备份的文件是一个可以直接导入的 SQL 脚本。有两种方法可以将数据导入，一种用 mysql 命令，把数据库文件恢复到指定的数据库，命令如下所示：

```
[root@mariadb ~]# mysqladmin -uroot -p000000 drop test
Dropping the database is potentially a very bad thing to do.
Any data stored in the database will be destroyed.

Do you really want to drop the 'test' database [y/N] y
Database "test" dropped
[root@mariadb ~]# mysql -uroot -p000000
Welcome to the MariaDB monitor.  Commands end with ; or \g.
Your MariaDB connection id is 26
Server version: 10.3.18-MariaDB-log MariaDB Server

Copyright (c) 2000, 2018, Oracle, MariaDB Corporation Ab and others.

Type 'help;' or '\h' for help. Type '\c' to clear the current input statement.

MariaDB [(none)]> create database test;
Query OK, 1 row affected (0.000 sec)

MariaDB [(none)]> quit
Bye
[root@mariadb ~]# mysql -uroot -p000000 test < test.sql
```

第二种是使用 source 语句导入数据库，把数据库文件恢复到指定的数据库，命令如下：

```
[root@mysql ~]# mysqladmin -uroot -p000000 drop test
Dropping the database is potentially a very bad thing to do.
Any data stored in the database will be destroyed.

Do you really want to drop the 'test' database [y/N] y
Database "test" dropped
[root@mysql ~]# mysql -uroot -p000000
Welcome to the MariaDB monitor.  Commands end with ; or \g.
Your MariaDB connection id is 30
Server version: 10.3.18-MariaDB-log MariaDB Server

Copyright (c) 2000, 2018, Oracle, MariaDB Corporation Ab and others.

Type 'help;' or '\h' for help. Type '\c' to clear the current input statement.

MariaDB [(none)]> create database test;
Query OK, 1 row affected (0.027 sec)

MariaDB [(none)]> use test
Database changed
MariaDB [test]> source /root/test.sql;
```

6. 添加用户与授权

授权 root 用户可以在任何节点访问 test 数据库下所有表，"%" 代表所有节点机器，命令如下：

```
MariaDB [(none)]> GRANT ALL PRIVILEGES ON test.* TO 'root'@'%' IDENTIFIED BY '000000';
```

```
    Query OK, 0 rows affected (0.001 sec)
    MariaDB [(none)]> GRANT ALL PRIVILEGES ON test.* TO 'root'@'localhost'
IDENTIFIED BY '000000' ;
    Query OK, 0 rows affected (0.001 sec)
```

添加 root 用户对 test 数据库进行增、删、改、查的权限,命令如下:

```
    MariaDB [(none)]> GRANT SELECT,INSERT,DELETE,UPDATE ON test.* TO 'root'@'%'
IDENTIFIED BY '000000' ;
    Query OK, 0 rows affected (0.001 sec)
```

关于 MariaDB 数据库的简单操作就介绍到这里。对于数据库感兴趣的读者若想深入学习数据库的命令与知识,可以自行查找资料学习。

任务 4.2　安装与使用 Redis

任务描述

本任务主要介绍 Redis 的安装和 Redis 主从架构的配置。本书主要面对的读者是从事 Linux 或者云计算的运维人员,在日常的运维工作中,一般会对 Redis 进行安装、配置与架构升级,安装 Redis 环境供开发人员使用,不会研究 Redis 的语法。本任务使用两个节点,分别安装 Redis 服务,并通过相关配置,将这两个 Redis 数据库升级为主从架构。

任务分析

该任务需要两台虚拟机进行实验,一台为 Redis 的主节点,另一台为 Redis 的从节点。具体规划如下。

1. 节点规划

Redis 主从实验节点规划见表 4-3。

表 4-3　节点规划

IP	主机名	节点
192.168.200.38	redis1	redis 主节点
192.168.200.39	redis2	redis 从节点

2. 环境准备

使用 VMware Workstation 最小化安装一台虚拟机,配置使用 1vCPU/2 GB 内存/40 GB 硬盘,镜像使用 CentOS-7-x86_64-DVD-1804.iso,网络使用 NAT 模式,并将 NAT 模式的网段配置成 192.168.200.0/24。虚拟机安装完毕之后,配置虚拟机 IP(可自行配置 IP 地址,此处配置的地址为 192.168.200.38 和 192.168.200.39),最后使用远程连接工具进行连接。

任务实施

1. 基本环境配置

首先将两各虚拟机的主机名修改为 redis1 和 redis2。

① 配置 redis1 节点，命令如下：

```
[root@localhost ~]# hostnamectl set-hostname redis1
[root@localhost ~]# bash                    //断开重新连接
[root@redis1 ~]# hostnamectl
   Static hostname: redis1
         Icon name: computer-vm
           Chassis: vm
        Machine ID: 1d0a70113a074d488dc3b581178a59b8
           Boot ID: 7285608fd50c4da886e94c6a33873ed9
    Virtualization: vmware
  Operating System : CentOS Linux 7 (Core)
       CPE OS Name: cpe:/o:centos:centos:7
            Kernel: Linux 3.10.0-862.el7.x86_64
      Architecture: x86-64
```

② 配置 Redis2 节点，命令如下：

```
[root@localhost ~]# hostnamectl set-hostname redis2
[root@localhost ~]# bash
[root@redis2 ~]# hostnamectl
   Static hostname: redis2
         Icon name: computer-vm
           Chassis: vm
        Machine ID: 1d0a70113a074d488dc3b581178a59b8
           Boot ID: 7285608fd50c4da886e94c6a33873ed9
    Virtualization: vmware
  Operating System : CentOS Linux 7 (Core)
       CPE OS Name: cpe:/o:centos:centos:7
            Kernel: Linux 3.10.0-862.el7.x86_64
      Architecture: x86-64
```

2. **配置本地 yum 源**

① redis1 节点。将提供的 gpmall-repo 目录上传至 redis1 节点虚拟机的/root 目录下，并编写 local.repo 文件配置 yum 源。命令如下：

```
[root@redis1 ~]# mv /etc/yum.repos.d/* /media/     //将默认的源清空
[root@redis1 ~]# vi /etc/yum.repos.d/local.repo    //编辑 local.repo 文件如下
[centos]
name=centos
baseurl=file:///root/gpmall-repo
gpgcheck=0
enabled=1
[root@redis1 ~]# yum clean all
Loaded plugins: fastestmirror
Cleaning repos: mariadb
Cleaning up everything
Cleaning up list of fastest mirrors
[root@redis1 ~]# yum repolist
Loaded plugins: fastestmirror
redis                                    | 2.9 kB    00:00:00
redis/primary_db                         | 144 kB    00:00:00
Determining fastest mirrors
```

```
repo id              repo name              status
redis                redis                  165
repolist: 165
```

② redis2 节点。将提供的 gpmall-repo 目录上传至 redis2 节点虚拟机的/root 目录下，并编写 local.repo 文件配置 yum 源。命令如下：

```
[root@redis2~]# mv /etc/yum.repos.d/* /media/          //将默认的源清空
[root@redis2~]# vi /etc/yum.repos.d/local.repo         //编辑local.repo文件如下
[centos]
name=centos
baseurl=file:///root/gpmall-repo
gpgcheck=0
enabled=1
[root@redis2 ~]# yum clean all
Loaded plugins: fastestmirror
Cleaning repos: mariadb
Cleaning up everything
Cleaning up list of fastest mirrors
[root@redis2 ~]# yum repolist
Loaded plugins: fastestmirror
redis                                    | 2.9 kB     00:00:00
redis/primary_db                         | 144 kB     00:00:00
Determining fastest mirrors
repo id              repo name              status
redis                redis                  165
repolist: 165
```

3. Redis 服务安装

① redis1 节点，命令如下：

```
[root@redis1 ~]# yum install redis -y
Loaded plugins: fastestmirror
Loading mirror speeds from cached hostfile
Resolving Dependencies
...
...
Installed:
  redis.x86_64 0:3.2.12-2.el7

Dependency Installed:
  jemalloc.x86_64 0:3.6.0-1.el7

Complete!
[root@redis1 ~]# rpm -qa|grep redis              //查看Redis版本
redis-3.2.12-2.el7.x86_64
```

② redis2 节点，命令如下：

```
[root@redis2 ~]# yum install redis -y
Loaded plugins: fastestmirror
Loading mirror speeds from cached hostfile
Resolving Dependencies
...
```

```
...
Installed:
  redis.x86_64 0:3.2.12-2.el7

Dependency Installed:
  jemalloc.x86_64 0:3.6.0-1.el7

Complete!
[root@redis2 ~]# rpm -qa|grep redis            //查看Redis版本
redis-3.2.12-2.el7.x86_64
```

两个节点均安装 redis-3.2.12 版本。

4. Redis 主从服务配置

在 redis1 主节点，修改 redis1 节点的配置文件 /etc/redis.conf 如下：

```
#第一处修改
# bind 127.0.0.1                               //找到bind 127.0.0.1这行并注释掉
#第二处修改
protected-mode yes                             //修改前
protected-mode no                              //修改后，外部网络可以访问
#第三处修改
daemonize no                                   //修改前
daemonize yes                                  //修改后，开启守护进程
#第四处修改
# requirepass foobared                         //找到该行
requirepass "123456"                           //在下方添加设置访问密码
#第五处修改，设定主库密码与当前库密码同步，保证从库能够提升为主库
masterauth "123456"
#第六处修改，打开AOF持久化支持
appendonly yes
```

至此，redis1 主服务器配置完毕，重启服务，命令如下：

```
[root@redis1 ~]# systemctl restart redis
```

在 redis2 从节点，修改 redis2 节点的配置文件 /etc/redis.conf 如下：

```
#第一处修改
# bind 127.0.0.1                               //找到bind 127.0.0.1这行并注释掉
#第二处修改
protected-mode yes                             //修改前
protected-mode no                              //修改后，外部网络可以访问
#第三处修改
daemonize no                                   //修改前
daemonize yes                                  //修改后，开启守护进程
#第四处修改
# requirepass foobared                         //找到该行
requirepass "123456"                           //在下方添加设置访问密码
#第五处修改
# slaveof <masterip> <masterport>              //找到该行
slaveof 192.168.200.21 6379                    //在下方添加访问的主节点IP与端口
#第六处修改
# masterauth <master-password>                 //找到该行
```

```
masterauth "123456"                    //在下方添加访问主节点密码
#第七出修改,打开 AOF 持久化支持
appendonly yes
```

至此,redis2 主服务器配置完毕,重启服务,命令如下:

```
[root@redis2 ~]# systemctl restart redis
```

5. 主从信息查询

先在主节点 redis1 中登录 redis-cli 并输入密码,查看主从复制的信息,命令如下:

```
[root@redis1 ~]# redis-cli
127.0.0.1:6379> auth 123456
OK
127.0.0.1:6379> info replication
# Replication
role:master
connected_slaves:1
slave0:ip=192.168.200.22,port=6379,state=online,offset=1,lag=1
master_repl_offset:1
repl_backlog_active:1
repl_backlog_size:1048576
repl_backlog_first_byte_offset:2
repl_backlog_histlen:0
127.0.0.1:6379>
```

可以看到该节点为 master 节点,并有一个从节点已连接。

转到 redis2 节点,同样登录 redis-cli 并输入密码,查看主从复制的信息,命令如下:

```
[root@redis2 ~]# redis-cli
127.0.0.1:6379> auth 123456
OK
127.0.0.1:6379> info replication
# Replication
role:slave
master_host:192.168.200.21
master_port:6379
master_link_status:up
master_last_io_seconds_ago:10
master_sync_in_progress:0
slave_repl_offset:15
slave_priority:100
slave_read_only:1
connected_slaves:0
master_repl_offset:0
repl_backlog_active:0
repl_backlog_size:1048576
repl_backlog_first_byte_offset:0
repl_backlog_histlen:0
127.0.0.1:6379>
```

可以查看到该节点为从节点,连接的主节点 IP 为 192.168.200.21。

6. 主从验证

在 redis1 节点设置一个 name，命令如下：

```
[root@redis1 ~]# redis-cli
127.0.0.1:6379> set name xiandian
OK
```

设置 name 成功后，转到 redis2 节点，使用 get 命令获取 name，命令如下：

```
[root@redis2 ~]# redis-cli
127.0.0.1:6379> get name
"xiandian"
```

可以看到获取 name 成功，验证 Redis 主从服务成功。

单元小结

本单元主要介绍了 MariaDB 数据库的安装与使用，Redis 缓存数据库的安装与主从架构配置。通过 MariaDB 数据库、Redis 数据库的简介、使用场景、优点等介绍，让读者了解了这两个数据库的作用。接着通过真实案例讲解如何安装数据库服务、使用操作命令以及对数据库架构的升级，可以让读者掌握 MariaDB 和 Redis 的基本使用方法。

数据库和缓存数据库在大型网站架构中是不可或缺的，也是 Linux 系统中常用的服务。掌握这两个数据库的使用，对以后的日常工作有很大的帮助。关于更多数据库的架构升级或者高级应用，感兴趣的读者可以自行查找资料学习。

课后练习

1. 除了 MySQL 和 MariaDB 数据库，还有什么主流的关系型数据库？
2. MariaDB 数据库有没有什么主从或者集群架构？
3. 常用的缓存服务除了 Redis 之外，还有什么服务？
4. Redis 除了主从架构，还有什么架构？

实训练习

1. 使用一台虚拟机，安装 MariaDB 数据库服务，自行进行初始化操作，并创建数据库 gpmall，将提供的 gpmall.sql 文件导入。
2. 使用两台虚拟机，均安装 Redis 服务，将这两台 Redis 节点配置为主从架构，并验证。

单元 5

Linux Web 服务

单元描述

本单元主要介绍 Linux 系统中常用的 Web 服务,包括 LAMP 和 LNMP。LAMP 是指一组通常一起使用来运行动态网站或者服务器的自由软件名称首字母缩写,分别是 Linux、Apache、MySQL/MariaDB、PHP/Perl/Python。其中,Linux 是开源操作系统,代表该动态网站运行在 Linux 操作系统;Apache 指一种开源 Web 网页服务器;MySQL/MariaDB 指开源数据库 MySQL 或 MariaDB;PHP/Perl/Python 指动态网页开发的脚本语言。LNMP 与 LAMP 不同的是,提供 Web 服务的是 Nginx。

本单元从 LANP 和 LNMP 架构的描述、两者的区别、各自的优点、部署两种架构的 Web 实战,较全面地介绍了 Linux 系统中常用的 Web 服务。

知识目标

(1)了解 LAMP 架构的组成、架构与优缺点;
(2)了解 LNMP 架构的组成、架构与优缺点。

能力目标

(1)能进行 LAMP 环境的安装与配置;
(2)能进行 LNMP 环境的安装与配置;
(3)能使用 LAMP 环境部署 WordPress 博客应用;
(4)能使用 LNMP 环境部署 Discuz 论坛应用。

素质目标

(1)养成用科学思维方式审视专业问题的能力;
(2)养成实际动手操作与团队合作的能力。

本单元旨在让读者掌握 LANP 和 LNMP 这两个 Web 服务架构的安装与使用,为了方便学习,将本单元拆分成两个任务。任务分解具体见表 5-1。

表 5-1 单元 5 任务分解

任 务 名 称	任 务 目 标	安 排 课 时
任务 5.1 LAMP+WordPress 实战	能安装 LAMP 环境并部署博客应用	6
任务 5.2 LNMP+Discuz 实战	能安装 LNMP 环境并部署论坛应用	6
总 计		12

知识准备

1. LAMP 架构

（1）LAMP 简介

LAMP 分别代表什么？

① L 代表服务器操作系统使用 Linux 操作系统；

② A 代表网站服务使用的是 Apache 软件基金会中的 httpd 软件；

③ M 代表网站后台使用的数据库 MySQL 或者 MariaDB 数据库；

④ P 代表网站使用 PHP/Perl/Python 等语言开发。

LAMP 是一个多 C/S 架构的平台，最初为 Web 客户端基于 TCP/IP 通过 HTTP 协议发起传送，这个请求可能是静态的，也可能是动态的。所以 Web 服务器通过发起请求的后缀来判断，如果是静态的就由 Web 服务器自行处理，然后将资源发给客户端。如果是动态的 Web 服务器会通过 CGI（Common Gateway Interfence，通用网关接口）协议发起给 PHP。PHP 以模块形式与 Web 服务器联系，它们通过内部共享内存的方式进行通信，如果 PHP 单独放置于一台服务器中，那么它们是以 Sockets 套接字的方式进行通信（这又是一个 C/S 架构），这时 PHP 会相应执行一段程序。如果在程序执行时需要一些数据，PHP 就会通过 MySQL 协议发送给 MySQL 服务器（这也可以看作一个 C/S 架构），由 MySQL 服务器处理，将数据提供给 PHP 程序。

（2）LAMP 工作流程

LAMP 工作流程如下：

① 用户发送 HTTP 请求到达 httpd 服务器；

② httpd 解析 URL 获取需要资源的路径，通过内核空间读取硬盘资源，如果是静态资源，则构建响应报文，发回给用户；

③ 如果是动态资源，将资源地址发给 PHP 解析器，解析 PHP 程序文件，解析完毕将内容发回给 httpd，httpd 构建响应报文，发回给用户；

④ 如果涉及数据库操作，则利用 php-mysql 驱动，获取数据库数据，返回给 PHP 解析器。

（3）LAMP 的工作方式

① Apache 与 PHP 通信。

- 第一种：编译 PHP 时直接编译成 Apache 模块、Module 模块化的方式进行工作（这是 Apahce 的默认方式）；
- 第二种：CGI（通用网关接口），Apache 基于 CGI 与 PHP 通信；
- 第三种：FastCGI（这也是一种协议），在这种模块下，Apache 与 PHP 的结合方式如下：

PHP 是作为一个模块由 PHP 解析器运行的，不是监听在某个套接字上接收别人请求的，而是让别人调用为一个进程使用的，又或者是作为别人的子进程在运行。但是工作在 FastCGI 模块下的 PHP 自行启用为一个服务进程，它在某个套接字上监听，随时可以接受来自客户端的请求。它也有一个主进程，为了可以响应多个用户的请求，它会启用多个子进程，这些子进程又称工作进程，当然这些工作进程也是有空闲进程的，一旦有客户请求，它马上使用空闲进程响应客户端的请求，将结果返回给前端的调用者，在 PHP 5.3.3 版本之前，它只能工作在模块和 CGI 方式下，而在 5.3.3 版本之后，该模块直接被收进 PHP 模块中，这种模块称为 php-fpm。

所以在以后编译 PHP 时，要想与 Apache 结合，就要编译成 php-fpm，这是基于 FastCGI 工作模式的，并启动该服务进程，也就意味着它是通过套接字与前端的调用者通信，既然基于套接字通信，那么前端的 Web 服务器和后面的 PHP 服务器完全可以工作在不同的主机上，实现所谓的分层机制。

Apache 不会与数据库打交道，它是静态 Web 服务器，与数据库打交道的是应用程序，作为应用程序的源驱动能够基于某个 API 与服务器之间建立会话，而后它会通过 MySQL 语句发送给数据库，数据库再将结果返回给应用程序，不是 PHP 进程，而是 PHP 进程中所执行的代码。

② PHP 与 MariaDB 通信。

PHP 与 MariaDB 是如何整合起来的？PHP 又是如何调用 httpd 的？

首先 httpd 并不具备解析代码的能力，它要依赖于 PHP 的解析器，接着 PHP 本身不依赖于数据库，它只是一个解析器，能执行代码即可，那它什么时候用到数据库呢？

- 需要在 MariaDB 中存数据时才用到 MariaDB；
- 当 PHP 中有运行数据库语句时才用到 MariaDB。

PHP 语言要想联系数据库，通常需要用到 PHP 的驱动，RPM 包的名字为 php_mysql，PHP 与 MySQL 没有任何关系，只有程序员在 PHP 中编写数据库语句时才连接数据库来执行 SQL 语句。

基于 php-mysql 驱动连接数据库只需使用 mysql_connect() 函数；而 mysql_connect() 函数正是 php-mysql 提供的一个 API，只需指明要连接的服务器即可。

2. LNMP 架构

（1）LNMP 简介

LNMP 分别代表什么？

① L 代表服务器操作系统使用 Linux 操作系统；

② N 代表 Nginx，是一个高性能的 HTTP 和反向代理服务器，也是一个 IMAP/POP3/SMTP 代理服务器；

③ M 代表网站后台使用的数据库是 MySQL 或者 MariaDB 数据库；

④ P 代表网站使用 PHP/Perl/Python 等语言开发。

LNMP 是指一组通常一起使用来运行动态网站或者服务器的自由软件名称首字母缩写。Nginx 是一种开源 Web 网页服务器；MySQL/MariaDB 是开源数据库 MySQL 或 MariaDB；PHP/Perl/Python 指动态网页开发的脚本语言。LNMP 与 LAMP 不同的是，提供 Web 服务的是 Nginx，并且 PHP 是作为一个独立服务存在的，这个服务称为 php-fpm，Nginx 直接处理静态请求，动态请求会转发给 php-fpm 处理。

（2）LNMP 工作流程

LNMP 的工作流程如下：

① 客户端的所有页面请求先到达 LNMP 架构中的 Nginx；

② Nginx 根据自己的判断，确定哪些是静态页面，哪些是动态页面；

③ 如果是静态页面，直接由 Nginx 自己处理，然后返回结果给客户端；如果是*.php 动态页面，Nginx 需要调用 PHP 中间件服务器来处理，在处理 PHP 页面的过程中，可能需要调用数据库中的数据完成页面编译；

④ 编译完成后的页面返回给 Nginx，Nginx 再返回给客户端。

（3）LNMP 工作模式

LNMP 动态网站服务器架构，如图 5-1 所示。

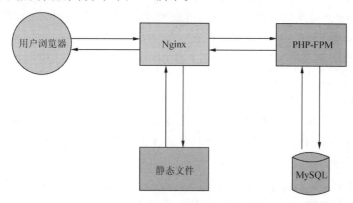

图 5-1　LNMP 动态网站服务器架构

其中提供 Web 服务的是 Nginx，PHP 是以 FastCGI 的方式结合 Nginx，可以理解为 Nginx 代理了 PHP 的 FastCGI。PHP 是作为一个独立服务存在的，这个服务称为 PHP-FPM，Nginx 直接处理静态请求，动态请求会转发给 PHP-FPM。CGI、FastCGI、PHP-CGI 与 PHP-FPM 的概念如下：

① CGI。

CGI（Common Gateway Interface，公共网关接口）是用于 HTTP 服务器与其他机器上的程序服务通信交流的一种工具，CGI 程序必须运行在网络服务器上。

CGI 可以用任何一种语言编写，只要这种语言具有标准输入、输出和环境变量。如 PHP、Perl、TCL 等。

② FastCGI。

传统 CGI 接口方式安全性和性能较差。每次 HTTP 服务器遇到动态程序时，都需要重启解析器来执行解析，然后返回结果给 HTTP 服务器，很难适应高并发服务器的应用，因此就诞生了 FastCGI。

FastCGI 是一个可伸缩的、高速的在 HTTP 服务器和动态脚本语言间通信的接口，能够把动态语言和 HTTP 服务器分离开来。目前流行的 Web 服务器（如 Apache、Nginx 和 LightTPD）都支持 FastCGI。

FastCGI 是与语言无关的、可伸缩架构的 CGI 开放扩展。其主要优势是将 CGI 解释器进程保持在内存中并因此获得较高的性能。CGI 解释器的反复加载是 CGI 性能低下的主要原因，如果 CGI 解释器保持在内存中，并接受 FastCGI 进程管理器调度，则可以提供良好的性能、伸缩性、Fail-Over 特性等。

FastCGI 的工作原理如下：

Web Server 启动时载入 FastCGI 进程管理器（IIS ISAPI 或 Apache Module）；FastCGI 进程管理器自身初始化，启动多个 CGI 解释器进程（可见多个 PHP-CGI）并等待来自 Web Server 的连接；当客户端请求到达 Web Server 时，FastCGI 进程管理器选择并连接到一个 CGI 解释器。Web Server 将 CGI 环境变量和标准输入发送到 FastCGI 子进程 PHP-CGI；FastCGI 子进程完成处理后，将标准输出和错误信息从同一连接返回 Web Server。当 FastCGI 子进程关闭连接时，请求便处理完成。FastCGI 子进程接着等待并处理来自 FastCGI 进程管理器（运行在 Web Server 中）的下一个连接。在 CGI 模式中，PHP-CGI 在此便退出了。

FastCGI 也存在一定的不足。因为是多进程，所以比 CGI 多线程消耗更多的服务器内存，PHP-CGI 解释器每进程消耗 7~25 MB 内存，将这个数字乘以 50 或 100 就是很大的内存数。

③ PHP-CGI。

PHP-CGI 是 PHP 自带的 FastCGI 管理器。PHP-CGI 变更 php.ini 配置后需重启 PHP-CGI 才能让新的 php-ini 生效，不可以平滑重启。

④ PHP-FPM。

PHP-FPM 是一个 PHP FastCGI 管理器,是只用于 PHP 的,可以从 http://php-fpm.org/download 下载。PHP-FPM 其实是 PHP 源代码的一个补丁，旨在将 FastCGI 进程管理整合进 PHP 包中。用户必须将它作为补丁添加到自己的 PHP 源代码中，在编译安装 PHP 后才可以使用（PHP 5.3.3 版本已经集成 PHP-FPM 了，不再是第三方包）。PHP-FPM 提供了更好的 PHP 进程管理方式，可以有效控制内存和进程、可以平滑重载 PHP 配置，它比 spawn-fcgi 具有更多优点，所以被 PHP 官方收录了。在 ./configure 操作时带 –enable-fpm 参数即可开启 PHP-FPM。

（4）LAMP 与 LNMP 总结

① LNMP 占用 VPS 资源较少，Nginx 配置起来也比较简单，可以利用 fast-cgi 方式动态解析 PHP 脚本。但是缺点也比较明显，PHP-FPM 组件的负载能力有限，在访问量巨大时，PHP-FPM 进程容易僵死，容易发生 502 bad gateway 错误。

② 基于 LAMP 架构设计具有成本低廉、部署灵活、快速开发、安全稳定等特点，是 Web 网络应用和环境的优秀组合。若是服务器配置比较低的个人网站，首选 LNMP 架构。当然，在大流量时。把 Apache 和 Nginx 结合起来使用，也是一个不错的选择。

③ LNMP 架构中 PHP 会启动服务 php-fpm,而 LAMP 架构中 PHP 只是作为 Apache 的一个模块存在。Nginx 会把用户的动态请求交给 PHP 服务进行处理，这个 PHP 服务就和数据库进行交互。用户的静态请求 Nginx 会直接处理，Nginx 处理静态请求的速度比 Apache 快很多，性能更好，所以 Apache 和 Nginx 在动态请求处理上区别不大，如果是静态处理，Nginx 要快于 Apache。而且 Nginx 能承受的并发量比 Apache 大，可以承受好几万的并发连接量，所以大一些的网站都会使用 Nginx 作为 Web 服务器。

任务 5.1　LAMP+WordPress 实战

🔍 任务描述

本任务主要介绍 LAMP 环境的安装、部署与配置，并使用 LAMP 环境部署 WordPress 博客系统。本任务详细介绍 LAMP 环境中 Apache HTTP 服务、MariaDB 数据库服务、PHP 服务的安装与配置，最后使用 LAMP 环境部署 WordPress 系统。LAMP+WordPress 是一个十分常见的 Web 应用案例，通过本任务的学习，读者可以快速掌握常用 Web 系统的部署与使用。

🔧 任务分析

该任务需要一台虚拟机进行实验，具体规划如下。

单元 5　Linux Web 服务

1. 节点规划

LAMP+WordPress 实验节点规划见表 5-2。

表 5-2　节点规划

IP	主　机　名	节　　　点
192.168.200.38	lamp	lamp 节点

2. 环境准备

使用 VMware Workstation 最小化安装一台虚拟机，配置使用 1vCPU/2 GB 内存/40 GB 硬盘，镜像使用 CentOS-7-x86_64-DVD-1804.iso，网络使用 NAT 模式，并将 NAT 模式的网段配置成 192.168.200.0/24。虚拟机安装完毕之后，配置虚拟机 IP（可自行配置 IP 地址，此处配置的地址为 192.168.200.38），最后使用远程连接工具进行连接。

任务实施

1. 基础环境准备

首先将虚拟机的主机名修改为 lamp，命令如下：

```
[root@localhost ~]# hostnamectl set-hostname lamp
[root@localhost ~]# bash
[root@lamp ~]# hostnamectl
  Static hostname: lamp
        Icon name: computer-vm
          Chassis: vm
       Machine ID: 1d0a70113a074d488dc3b581178a59b8
          Boot ID: 7285608fd50c4da886e94c6a33873ed9
   Virtualization: vmware
 Operating System: CentOS Linux 7 (Core)
      CPE OS Name: cpe:/o:centos:centos:7
           Kernel: Linux 3.10.0-862.el7.x86_64
     Architecture: x86-64
```

2. 配置 yum 源

将 CentOS-7-x86_64-DVD-1804.iso 和 lamp.tar.gz 上传至 lamp 节点的 /root 目录下，并配置本地 yum 源，命令如下：

```
[root@lamp ~]# mv /etc/yum.repos.d/* /home/
[root@lamp ~]# mkdir /opt/{centos,lamp}
#将 CentOS-7-x86_64-DVD-1804.iso 挂载至 /opt/centos 目录
#将 lamp.tar.gz 解压至 /opt/lamp 目录
[root@lamp ~]# vi /etc/yum.repos.d/lamp.repo
[centos]
baseurl=file:///opt/centos
gpgcheck=0
enabled=1
name=centos
[lamp]
baseurl=file:///opt/lamp/lamp
gpgcheck=0
```

```
enabled=1
name=lamp
```

3. 搭建 Apache 服务

（1）安装 Apache 服务

在 CentOS 7.5 环境下安装 httpd 服务，通过 yum 的方式进行安装：

```
[root@lamp ~]# yum install httpd -y
[root@lamp ~]# systemctl start httpd
[root@lamp ~]# systemctl enable httpd
```

（2）验证 Apache 服务

关闭防火墙和 SELinux 服务，命令如下：

```
[root@lamp ~]# systemctl stop firewalld
[root@lamp ~]# setenforce 0
```

通过浏览器访问 http://IP，如图 5-2 所示。

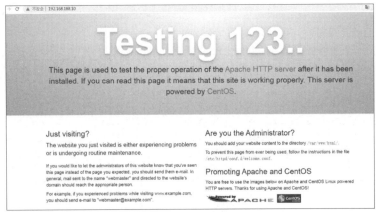

图 5-2　访问 Apache 访问

4. MariaDB 服务搭建配置

（1）安装 MariaDB 服务

在 CentOS 7.5 环境下安装 MairaDB 服务，通过 yum 的方式进行安装。命令如下：

```
[root@lamp ~]# yum install mariadb-server -y
```

（2）实例化 MariaDB 数据库

默认数据库安装完成后，需要进行实例化操作为数据库添加密码。

```
[root@lamp ~]# systemctl restart mariadb
[root@lamp ~]# systemctl enable mariadb
[root@lamp ~]# mysql_secure_installation
Enter current password for root (enter for none):
//直接按【Enter】键
Set root password? [Y/n] y
New password:
Re-enter new password:
Remove anonymous users? [Y/n] y
Disallow root login remotely? [Y/n] y
Remove test database and access to it? [Y/n] y
```

```
Reload privilege tables now? [Y/n] y
```

5. PHP 服务安装及配置

（1）检查系统环境

在安装 PHP 基础环境前需要检查当前系统环境下是否安装了 PHP 服务，命令如下：

```
[root@lamp ~]# rpm -qa php
```

（2）安装 PHP 环境

在 CentOS 7.5 基础环境下安装 PHP 服务，命令如下：

```
[root@lamp ~]# yum install php -y
```

（3）验证 PHP 服务

编辑 php 文件输入打印 phpinfo()代码进行验证 PHP 服务。编辑 index.php 文件如下：

```
[root@lamp ~]# echo "<?php phpinfo() ?>" >> /var/www/html/index.php
[root@lamp ~]#systemctl restart httpd
```

通过浏览器访问 PHP 页面。打开客户机浏览器并在客户机浏览器上输入服务器 IP 地址。访问结果如图 5-3 所示。

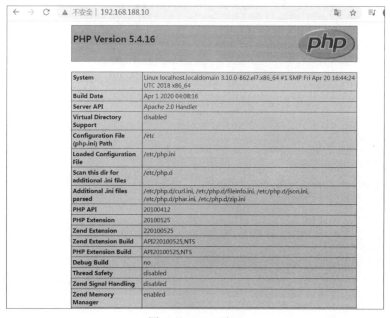

图 5-3　PHP 页面

6. 部署 WordPress

（1）创建 WordPress 数据库

使用 WordPress 环境，需要为配置创建数据库，进入数据库中创建 wordpress 数据库，使用 root 用户登录 MariaDB，并输入密码。密码为数据库设置的密码。

```
[root@lamp ~]# mysql -uroot -p000000
[root@lamp ~]# mysql>create database wordpress;
[root@lamp ~]#mysql> grant all privileges on *.* to root@localhost identified by '000000' with grant option;
[root@lamp ~]# mysql> grant all privileges on *.* to root@"%" identified by '000000' with grant option;
```

（2）安装 WordPress 扩展插件

实现 WordPress 环境搭建，需要安装相关插件。执行如下命令安装插件：

```
[root@lamp ~]# yum -y install php-mysql php-gd php-ldap php-odbc php-pear php-xml php-xmlrpc php-mbstring php-snmp php-soap curl curl-devel
[root@lamp ~]# yum install php-fpm -y
[root@lamp ~]# systemctl restart php-fpm
```

配置 PHP 支持时间：

```
[root@lamp ~]# vi /etc/php.ini
cgi.fix_pathinfo=0
date.timezone ="Asia/shanghai"
```

配置 MySQL 支持中文：

```
[root@lamp ~]# vi /etc/my.cnf
[mysqld]
character-set-server=utf8
```

重新启动服务：

```
[root@lamp ~]# systemctl restart mariadb php-fpm
```

（3）部署 WordPress

安装 unzip 命令和解压 wordpress：

```
[root@lamp ~]# yum install unzip
[root@lamp ~]# unzip /opt/lamp/wordpress-zh_CN.zip
```

将 wordpress 文件夹下的配置文件复制到 /var/www/html 目录下：

```
[root@lamp ~]# rm -rf /var/www/html/*
[root@lamp ~]# cp -r wordpress/* /var/www/html/
```

设置目录权限：

```
[root@lamp ~]# chmod 777 -R /var/www/html/wp-content/
[root@lamp ~]# systemctl restart httpd
```

7. 配置 WordPress 环境

（1）访问服务器

浏览器下访问服务器，如图 5-4 所示。

图 5-4　访问 WordPress 服务器

（2）配置数据库连接

设置数据库名为 wordpress，用户为已经创建的 wordpress 用户，密码为设置 wordpress 访问权限时的密码，信息确认后单击"提交"按钮，如图 5-5 所示。

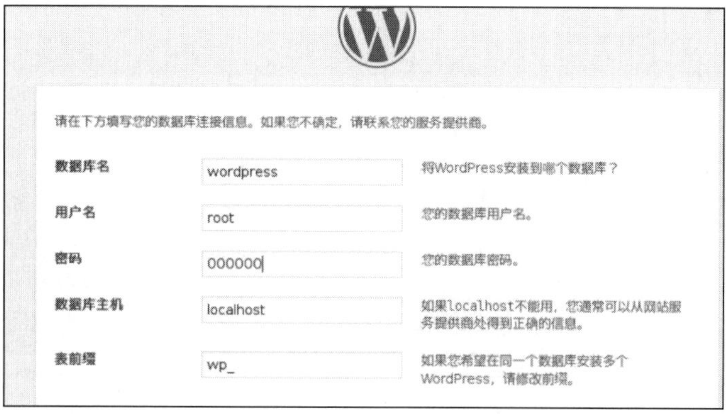

图 5-5　配置数据库连接

（3）编辑 wp-config.php 配置文件

出现无法自动创建 wp-config.php 配置文件时，可以通过手动创建的方式完成，在 /var/www/html 目录下创建 wp-config.php 配置文件，并将提示信息添加到配置文件中，如图 5-6 所示。

图 5-6　编辑 wp-config.php 配置文件

```
[root@lamp ~]# cat /var/www/html/wp-config.php
<?php
define('DB_NAME', 'wordpress');
/** MySQL 数据库用户名 */
define('DB_USER', 'root');
/** MySQL 数据库密码 */
define('DB_PASSWORD', '000000');
/** MySQL 主机 */
```

```
define('DB_HOST', 'localhost');
/** 创建数据表时默认的文字编码 */
define('DB_CHARSET', 'utf8mb4');
/** 数据库整理类型。如不确定请勿更改 */
define('DB_COLLATE', '');
/**#@+
 * 身份认证密钥。
 * 修改为任意独一无二的字串！
 * 或者直接访问{@link https://api.wordpress.org/secret-key/1.1/salt/
 * WordPress.org 密钥生成服务}
 * 任何修改都会导致所有cookies失效，所有用户都必须重新登录。
 *
 * @since 2.6.0
 */
define('AUTH_KEY','@/&&ILtVtW+J'}}5'sM6MI'agSSr(cN2XLfIRTj!n(n) ywXO7IqR>G*n0!nz:O}~');
define('SECURE_AUTH_KEY','YF{FTu2@}iY#+uO;I5eXLx0<p5JvqLaEInhI2;&z=bT7H-g$8|5>y2q^dU[WWZ35');
define('LOGGED_IN_KEY','{:@kjkJbr%XtJvB(Xx,$nzl1d{E)nKe5Fk#iWs}#!@[]}|C4OJ8-WPg@GCuWPaCQ');
define('NONCE_KEY','[/3B(Bu~$=K&*8d{-C<DUM4Q:'D2:xQS'#-W41@@M)mIYBHQB<OMkxo--@~&!9s.');
define('AUTH_SALT','}g0>P%(C~9.#^ZW|Hp5LSP/o+Rzcb-u2V!{LVxeSPN_qc+b+ld1<W&<u_#~G;Or@');
define('SECURE_AUTH_SALT','(c^Gll!}Bg)?HzkNtp9PDX2.1KMax%e&K(rQF%V.O&U~yH.C'~5CgX^czk$)}.R9');
define('LOGGED_IN_SALT','G|[%;r!1jUeV_hZec/MU-kyDi-t_k^:NX;9=qH>xPa8oVcKJB=Fc#Vnjy42#^E_h');
define('NONCE_SALT','mI@ayq$'IsJYs1~<s}Td:gjVj)2f93|75XS-R?c2IQ-5o<>kX{FNN2NL''M@l2Um');
/**#@-*/
/**
 * WordPress 数据表前缀
 *
 * 如果用户有在同一数据库内安装多个 WordPress 的需求，请为每个 WordPress 设置
 * 不同的数据表前缀。前缀名只能为数字、字母加下画线
 */
$table_prefix = 'wp_';
/**
 * 开发者专用：WordPress 调试模式
 * 将这个值改为true，WordPress 将显示所有用于开发的提示
 * 建议插件开发者在开发环境中启用 WP_DEBUG
 * 要获取其他能用于调试的信息，请访问 Codex
 * @link https://codex.wordpress.org/Debugging_in_WordPress
 */
define('WP_DEBUG', false);
/**
 * zh_CN 本地化设置：启用 ICP 备案号显示
 * 可在设置→常规中修改。
 * 如需禁用，请移除或注释掉本行
```

```
*/
define('WP_ZH_CN_ICP_NUM', true);
/* 请不要再继续编辑。请保存本文件。使用愉快！ */
/** WordPress 目录的绝对路径 */
if ( !defined('ABSPATH') )
    define('ABSPATH', dirname(__FILE__) . '/');
/** 设置 WordPress 变量和包含文件 */
require_once(ABSPATH . 'wp-settings.php');
```

（4）实现 WordPress 页面实例化

实现安装 WordPress 操作，添加站点标题，为后台管理创建管理用户并设置密码。默认密码的设置都有一定规则，对于弱密码需要勾选"确认使用弱密码"复选框，信息设置完成后单击"安装 WordPress"按钮实现安装，如图 5-7 所示。

图 5-7　WordPress 页面实例化

（5）登录后台

数据库部署完成后，通过设置的后端登录用户名和密码登录到后台，如图 5-8 所示。

图 5-8　登录后台

至此，LAMP 环境+WordPress 博客应用部署完毕。

任务 5.2　LNMP+Discuz 实战

任务描述

本任务主要介绍 LNMP 环境的安装、部署与配置，并使用 LNMP 环境部署 Discuz 论坛应用。本任务较详细地介绍了 LNMP 环境中 Nginx 服务、MariaDB 数据库服务、PHP 服务的安装与配置，最后使用 LNMP 环境部署 Discuz 论坛应用。LNMP+Discuz 是一个十分常见的 Web 应用案例，通过本任务的学习，读者可以快速掌握常用 Web 系统的部署与使用。

任务分析

该任务需要一台虚拟机进行实验，具体规划如下。

1. 节点规划

LNMP+Discuz 实验节点规划见表 5-3。

表 5-3　节点规划

IP	主　机　名	节　　　点
192.168.200.39	lnmp	lnmp 节点

2. 环境准备

使用 VMware Workstation 最小化安装一台虚拟机，配置使用 1vCPU/2 GB 内存/40 GB 硬盘，镜像使用 CentOS-7-x86_64-DVD-1804.iso，网络使用 NAT 模式，并将 NAT 模式的网段配置成 192.168.200.0/24。虚拟机安装完毕之后，配置虚拟机 IP（可自行配置 IP 地址，此处配置的地址为 192.168.200.39），最后使用远程连接工具进行连接。

任务实施

1. 基础环境准备

首先将虚拟机的主机名修改为 lnmp，命令如下：

```
[root@localhost ~]# hostnamectl set-hostname lnmp
[root@localhost ~]# bash
[root@lnmp ~]# hostnamectl
   Static hostname: lnmp
         Icon name: computer-vm
           Chassis: vm
        Machine ID: 1d0a70113a074d488dc3b581178a59b8
           Boot ID: 7285608fd50c4da886e94c6a33873ed9
    Virtualization: vmware
  Operating System: CentOS Linux 7 (Core)
       CPE OS Name: cpe:/o:centos:centos:7
            Kernel: Linux 3.10.0-862.el7.x86_64
      Architecture: x86-64
```

2. 配置 yum 源

将 lnmp.tar.gz 软件包上传至 lnmp 节点的/opt 目录下，并配置本地 yum 源，命令如下：

```
[root@lnmp ~]# tar -zxvf lnmp.tar.gz -C /opt/
[root@lnmp ~]# mv /etc/yum.repos.d/* /home/
[root@lnmp ~]# vi /etc/yum.repos.d/lnmp.repo
[lnmp]
baseurl=file:///opt/lnmp
gpgcheck=0
enabled=1
name=lnmp
```

3. 部署 MariaDB 服务

（1）安装 MariaDB 数据库

在 CentOS 7.5 虚拟机的环境下通过 yum 方式安装 MariaDB 服务。命令如下：

```
[root@lnmp ~]# yum install mariadb-server -y
```

（2）实例化数据库

实例化数据库为数据库创建登录密码，由于默认安装完 MariaDB 数据库，服务并未启动，因此需要先启动数据库：

```
[root@lnmp ~]# systemctl start mariadb
[root@lnmp ~]# systemctl enable mariadb
[root@lnmp ~]# mysql_secure_installation
Enter current password for root (enter for none): 按 Enter 键
Set root password? [Y/n] y
New password:
Re-enter new password:
Remove anonymous users? [Y/n] y
Remove test database and access to it? [Y/n] y
Reload privilege tables now? [Y/n] y
```

4. 部署 Nginx 服务

在 CentOS 7.5 虚拟机环境下通过 yum 方式安装 Nginx 服务。命令如下：

```
[root@lnmp ~]# yum install nginx -y
```

5. 部署 PHP 服务

（1）安装 PHP 服务

在 CentOS 7.5 虚拟机环境下通过 yum 方式安装 PHP 服务。命令如下：

```
[root@lnmp ~]# yum install php -y
```

（2）验证是否成功安装 PHP 服务

在/var/www/html 目录下，编辑 Index.php 文件，添加如下内容：

```
[root@lnmp ~]# mkdir -p /var/www/html/
[root@lnmp ~]# echo "<?php phpinfo();?>">>/var/www/html/index.php
```

配置 Nginx 访问目录为/var/www/html/（加粗字为添加部分）：

```
[root@lnmp ~]# cat /etc/nginx/nginx.conf
user root;
worker_processes auto;
error_log /var/log/nginx/error.log;
```

```
pid /run/nginx.pid;
# Load dynamic modules. See /usr/share/doc/nginx/README.dynamic.
include /usr/share/nginx/modules/*.conf;
events {
    worker_connections 1024;
}
http {
    log_format  main  '$remote_addr - $remote_user [$time_local] "$request" '
                      '$status $body_bytes_sent "$http_referer" '
                      '"$http_user_agent" "$http_x_forwarded_for"';
    access_log  /var/log/nginx/access.log  main;
    sendfile            on;
    tcp_nopush          on;
    tcp_nodelay         on;
    keepalive_timeout   65;
    types_hash_max_size 2048;
    include             /etc/nginx/mime.types;
    default_type        application/octet-stream;
    include /etc/nginx/conf.d/*.conf;
    server {
        listen       80 default_server;
        listen       [::]:80 default_server;
        index index.php index.html;
        server_name  _;
        root         /usr/share/nginx/html;
        include /etc/nginx/default.d/*.conf;
        location / {
            root          /var/www/html;
        }
        location ~ \.php$ {
            root           html;
            fastcgi_pass   127.0.0.1:9000;
            fastcgi_index  index.php;
            fastcgi_param SCRIPT_FILENAME /var/www/html/$fastcgi_script_name;
            include        fastcgi_params;
        }
        error_page 404 /404.html;
        location = /404.html {
        }
        error_page 500 502 503 504 /50x.html;
        location = /50x.html {
        }
    }
}
```

Nginx 服务默认不支持 PHP 文件,需要安装 php-fpm 服务:

```
[root@lnmp ~]# yum install php-fpm -y
[root@lnmp ~]# systemctl restart php-fpm
```

启动 Nginx 服务:

```
[root@lnmp ~]# systemctl start nginx
```

```
[root@lnmp ~]# systemctl enable nginx
```
关闭防火墙与 SELinux 服务，命令如下：
```
[root@lnmp ~]# systemctl stop firewalld
[root@lnmp ~]# setenforce 0
```
通过浏览器访问 LNMP 服务器地址进行验证，如图 5-9 所示。

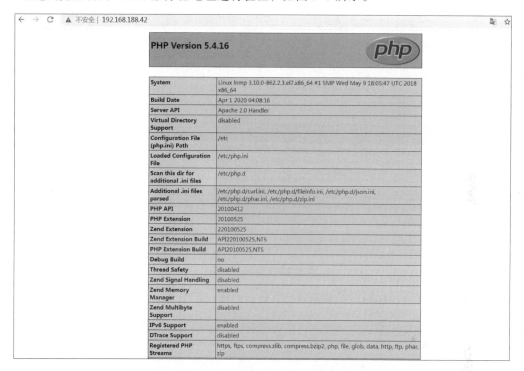

图 5-9　测试 LNMP 服务器页面

6. 部署 Discuz 论坛

（1）配置 LNMP 环境

安装 PHP 连接数据库所需插件：
```
[root@lnmp ~]# yum install php-mysql php-gd  -y
```
配置 PHP 支持时间：
```
[root@lnmp ~]# vi /etc/php.ini
cgi.fix_pathinfo=0
date.timezone ="Asia/shanghai"
```
配置 MySQL 支持中文：
```
[root@lnmp ~]# vi /etc/my.cnf
[mysqld]
character-set-server=utf8
```
重新启动服务：
```
[root@lnmp ~]# systemctl restart  mariadb php-fpm
```
（2）部署 Discuz 环境

从网上下载 Discuz_X3.2_SC_UTF8.zip 压缩包，上传到 LNMP 服务器。解压压缩包，并将解压后的 upload 文件下的内容复制到/var/www/html 目录下。

```
[root@lnmp ~]# unzip Discuz_X3.2_SC_UTF8.zip
[root@lnmp ~]# cp -r upload/*  /var/www/html/
```

通过浏览器访问 http://ip/install，完成初始化部署，如图 5-10 所示。

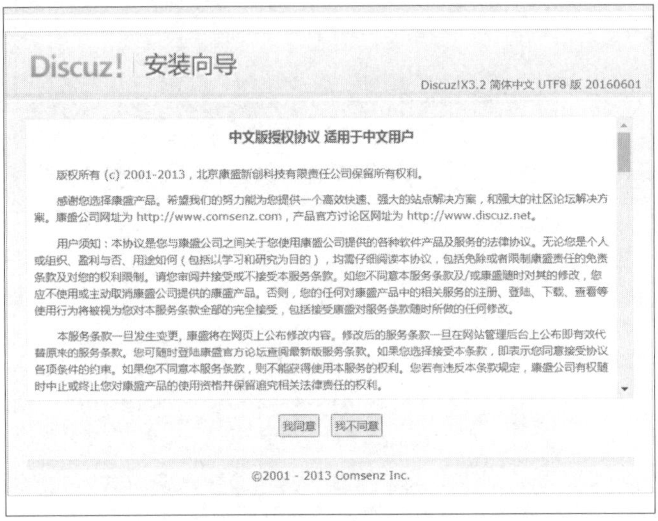

图 5-10　访问 Discuz

默认情况下，会存在权限问题造成无法安装的问题，如图 5-11 所示。

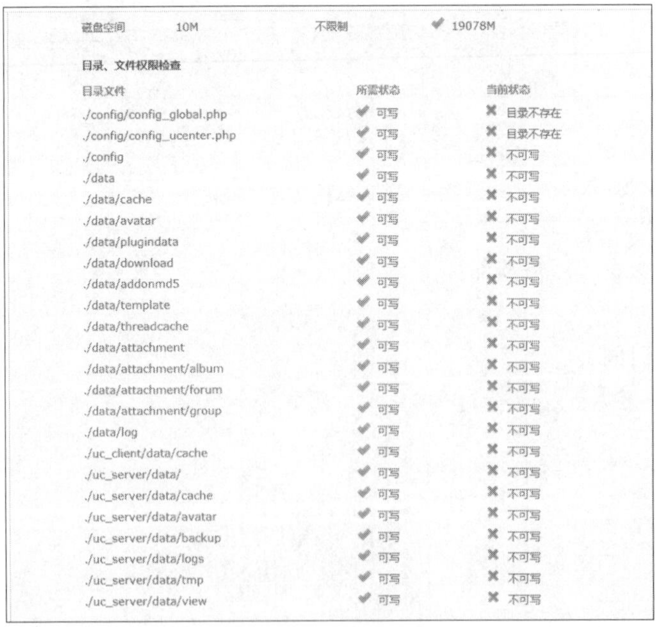

图 5-11　权限问题

此时需要对文件进行权限设置：

```
[root@lnmp html]# cd /var/www/html/
[root@lnmp html]# cat privilege.txt
```

```
./config
./data
./data/cache
./data/avatar
./data/plugindata
./data/download
./data/addonmd5
./data/template
./data/threadcache
./data/attachment
./data/attachment/album
./data/attachment/forum
./data/attachment/group
./data/log
./uc_client/data/cache
./uc_server/data/
./uc_server/data/cache
./uc_server/data/avatar
./uc_server/data/backup
./uc_server/data/logs
./uc_server/data/tmp uc_server/data/view
[root@lnmp html]# cat privilege.sh
for i in 'cat ./privilege.txt'
do
  chmod 777 $i
done
[root@lnmp html]# chmod 777 privilege.sh
[root@lnmp html]# sh privilege.sh
```

返回浏览器刷新页面，检查是否存在带有差号现象。如图 5-12 所示，检查完成后单击“下一步”按钮。

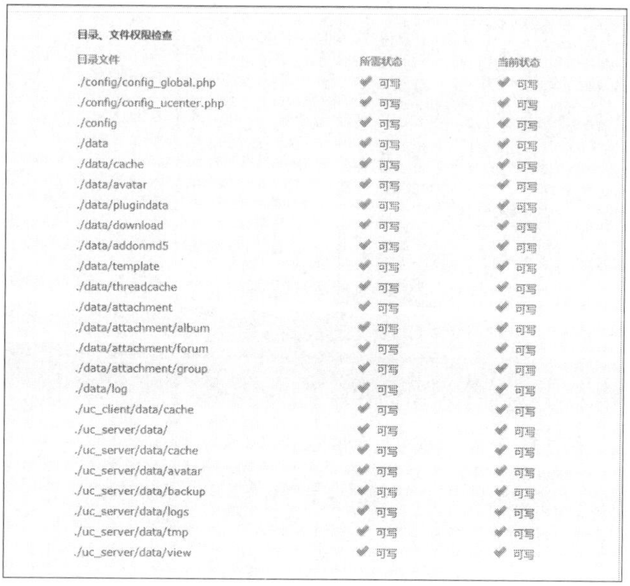

目录、文件权限检查

目录文件	所需状态	当前状态
./config/config_global.php	可写	可写
./config/config_ucenter.php	可写	可写
./config	可写	可写
./data	可写	可写
./data/cache	可写	可写
./data/avatar	可写	可写
./data/plugindata	可写	可写
./data/download	可写	可写
./data/addonmd5	可写	可写
./data/template	可写	可写
./data/threadcache	可写	可写
./data/attachment	可写	可写
./data/attachment/album	可写	可写
./data/attachment/forum	可写	可写
./data/attachment/group	可写	可写
./data/log	可写	可写
./uc_client/data/cache	可写	可写
./uc_server/data/	可写	可写
./uc_server/data/cache	可写	可写
./uc_server/data/avatar	可写	可写
./uc_server/data/backup	可写	可写
./uc_server/data/logs	可写	可写
./uc_server/data/tmp	可写	可写
./uc_server/data/view	可写	可写

图 5-12　检查完成

如果前期没有安装过 Discuz 环境，此处需要选择全新安装 Discuz，否则只需要选择仅安装 Discuz 即可，如图 5-13 所示。

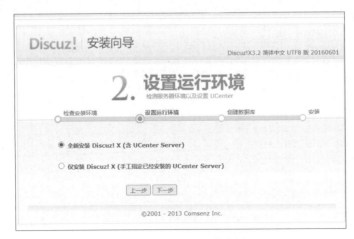

图 5-13　Discuz 安装向导

配置数据库实现数据存储，为 Discuz 创建数据库。

```
[root@lnmp ~]# mysql -uroot -proot -e "create database ultrax character set utf8;"
```

填写的数据库信息根据个人环境进行设置，管理源密码自行设置，如图 5-14 所示。

图 5-14　安装数据库

环境部署完成后，实现后台信息访问，如图 5-15 所示。

单元 ⑤ Linux Web 服务

图 5-15 安装完成

至此，LNMP+Discuz 论坛应用部署完毕。

单元小结

本单元主要介绍了 LAMP 和 LNMP 两个 Web 应用服务架构。通过学习，相信读者已经了解了这两种架构的不同、各自的优缺点、构建的方式方法、配置的方法与使用等。LAMP 和 LNMP 架构都是经典的网站服务架构，读者可以通过不同的使用场景选择这两种不同的架构，如果服务器内存不是很大，LNMP 架构是最好的选择。因为 Nginx 性能稳定、功能丰富、运维简单、处理静态文件速度快且消耗系统资源极少。但在访问量大的时候 php-fpm 容易僵死，容易发生 502 bad gateway 错误。如果部署的网站静态访问较多，LNMP 是不错的选择，如果动态内容较多，LAMP 架构还是最稳定的。

课后练习

1. 除了 LAMP 和 LNMP 架构，还有什么常用的 Web 服务架构？
2. 一个 Web 服务能不能同时使用 Apache 和 Nginx 服务？
3. 如果使用 Tomcat 服务，是否还需要 LAMP 架构？

实训练习

1. 使用一台虚拟机，安装 LAMP 环境，然后基于 LAMP 环境部署 WordPress 博客应用。
2. 使用多台虚拟机，将 Nginx、MariaDB 和 PHP 分别安装在不同的节点，组成分布式 LNMP 环境，并基于此环境，部署 Discuz 论坛应用。

单元 6

→ Linux 微服务架构

单元描述

本单元主要介绍 Linux 系统中的微服务架构。微服务（Microservices Architecture）是一种架构风格，一个大型复杂软件应用由一个或多个微服务组成。系统中的各个微服务可被独立部署，各个微服务之间是松耦合的。每个微服务仅关注于完成一件任务，并很好地完成该任务。在所有情况下，每个任务代表着一个小的业务能力。

本单元通过介绍微服务架构的特点、优缺点、产生的原因，较为全面地让读者了解微服务架构。并通过 gpmall 商城应用（微服务架构）的单节点与容器化部署，让读者对微服务架构的特性有更加深刻的了解。

知识目标

（1）了解什么是微服务架构，这种架构的优点是什么；
（2）了解微服务架构的特点；
（3）了解微服务架构的应用场景。

能力目标

（1）能进行 gpmall 商城应用的基础环境安装与配置；
（2）能进行 gpmall 商城应用的部署；
（3）能使用容器进行微服务的构建；
（4）能使用容器编排工具编排部署微服务应用。

素质目标

（1）养成用科学思维方式审视专业问题的能力；
（2）养成实际动手操作与团队合作的能力。

本单元旨在让读者掌握常规微服务应用的部署与容器化部署，为了方便学习，将本单元拆分成两个任务，任务分解具体见表 6-1。

表 6-1 单元 6 任务分解

任 务 名 称	任 务 目 标	安 排 课 时
任务 6.1 单节点部署 gpmall 商城应用	能部署常规的微服务架构应用	4
任务 6.2 容器化部署 gpmall 商城应用	能对微服务架构的应用进行容器化部署	12
总　　计		16

单元⑥ Linux 微服务架构

知识准备

1. 微服务架构

（1）微服务的诞生

在认识微服务之前，需要先了解一下与微服务对应的单体式（Monolithic）架构。在 Monolithic 架构中，系统通常采用分层架构模式，按技术维度对系统进行划分，如持久化层、业务逻辑层、表示层。Monolithic 架构主要存在以下问题：

① 系统间通常以 API 的形式互相访问，耦合紧密导致难以维护；
② 各业务领域需要采用相同的技术栈，难以快速应用新技术；
③ 对系统的任何修改都必须整个系统一起重新部署/升级，运维成本高；
④ 在系统负载增加时，难以进行水平扩展；
⑤ 当系统中一处出现问题，会影响整个系统。

为了解决这些问题，微服务架构应运而生。微服务又称微服务架构。微服务架构是一种架构风格，它将一个复杂的应用拆分成多个独立自治的服务，服务与服务间通过松耦合的形式交互。

（2）典型的微服务架构

典型的微服务架构如图 6-1 所示。

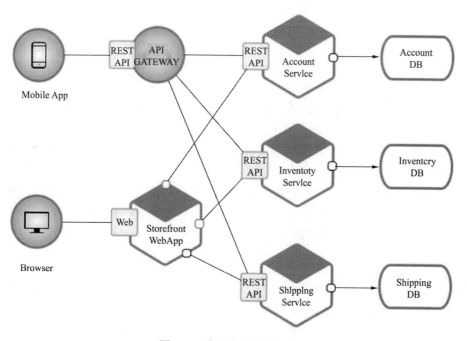

图 6-1 典型的微服务架构

微服务架构将一个系统的后端划分成 Account、Inventory、Shipping 三个微服务，每个微服务有自己的数据库存储，对外提供风格统一的 REST API。

（3）微服务架构的优点

微服务的主要优点如下：

① 每个服务都比较简单，只关注于一个业务功能。

② 微服务架构方式是松耦合的，可以提供更高的灵活性。

③ 微服务可通过最佳及最合适的不同编程语言与工具进行开发，能够做到有的放矢地解决针对性问题。

④ 每个微服务可由不同团队独立开发，互不影响，加快推出市场的速度。

⑤ 微服务架构是持续交付（CD）的巨大推动力，允许在频繁发布不同服务的同时保持系统其他部分的可用性和稳定性。

（4）微服务架构的缺点

微服务的一些想法在实践上是好的，但当整体实现时也会呈现出其复杂性。微服务的主要缺点如下：

① 运维开销及成本增加。整体应用可能只需部署至一小片应用服务区集群，而微服务架构可能变成需要构建、测试、部署、运行数十个独立的服务，并可能需要支持多种语言和环境。这导致一个整体式系统如果由 20 个微服务组成，可能需要 40~60 个进程。

② 必须有坚实的 DevOps 开发运维一体化技能。开发人员需要熟知运维与投产环境，并需要掌握必要的数据存储技术（如 NoSQL），但是具有较强 DevOps 技能的人员比较稀缺，会带来招聘人才方面的挑战。

③ 隐式接口及接口匹配问题。把系统分为多个协作组件后会产生新的接口，这意味着简单的交叉变化可能需要改变许多组件，并需协调一起发布。在实际环境中，一个新品发布可能被迫同时发布大量服务，由于集成点的大量增加，微服务架构会有更高的发布风险。

④ 代码重复。某些底层功能需要被多个服务所用，为了避免将"同步耦合引入到系统中"，有时需要向不同服务添加一些代码，这就会导致代码重复。

⑤ 分布式系统的复杂性。作为一种分布式系统，微服务引入了复杂性和其他若干问题。如网络延迟、容错性、消息序列化、不可靠的网络、异步机制、版本化、差异化的工作负载等，开发人员需要考虑以上的分布式系统问题。

⑥ 异步机制。微服务往往使用异步编程、消息与并行机制，如果应用存在跨微服务的事务性处理，其实现机制会变得复杂化。

⑦ 可测性的挑战。在动态环境下服务间的交互会产生非常微妙的行为，难以可视化及全面测试。经典微服务往往不太重视测试，更多的是通过监控发现生产环境的异常，进而快速回滚或采取其他必要的行动。在特别在意风险规避监管或投产环境错误会产生显著影响的场景下需要特别注意。

（5）微服务架构常用技术

在实际技术选型中，还是需要结合业务、系统的未来发展的特征进行合理判断，以下内容是针对常用技术服务的简要说明。

① 基础层框架。

SpringBoot 是构建微服务的基础框架，是 SpringCloud 的基础，其自带 Tomcat，可以直接启动。自身也有各项优点，如自动化配置、快速开发、轻松部署等，非常适合用作微服务架构中各项具体微服务的开发框架。它不仅可以帮助用户快速地构建微服务，还可以轻松简单地整合 SpringCloud，实现系统服务化。而如果使用了传统的 Spring 构建方式的话，在整合过程中用户还需要做更多的依赖管理工作，才能让它们完好地运行起来。

② 持久层框架。

MyBatis 是一个支持普通 SQL 查询，存储过程和高级映射的持久层框架。MyBatis 消除了几乎所有 JDBC 代码和参数的手工设置，以及对结果集的检索封装。MyBatis 可以使用简单的 XML 或注解用于配置和原始映射，将接口和 Java 的 POJO（Plain Old Java Objects，普通的 Java 对象）映射成数据库中的记录。通常会用于 SpringBoot 微服务框架。

③ 中间件集成。

- RabbitMQ。RabbitMQ 是基于 AMQP 协议的开源实现，由以高性能、可伸缩性出名的 Erlang 写成。目前客户端支持 Java、.NET/C#和 Erlang。在 AMQP（Advanced Message Queuing Protocol，高级消息队列协议）的组件中，Broker 中可以包含多个 Exchange（交换机）组件。Exchange 可以绑定多个 Queue 以及其他 Exchange。消息会按照 Exchange 中设置的 Routing 规则，发送到相应的 MessageQueue。在 Consumer 消费了该消息后，会与 Broker 建立连接，发送消费消息的通知。此时 Message Queue 才会将该消息移除。
- Elasticsearch。Elasticsearch 是一个基于 Apache Lucene 实现的开源的实时分布式搜索和分析引擎。SpringBoot 的项目也提供了集成方式：spring-boot-starter-data-elasticsearch 以及 spring-data-elasticsearch。
- Kafka。Kafka 是一个高性能的基于发布/订阅的跨语言分布式消息系统。Kafka 的开发语言为 Scala。其比较重要的特性如下：

  a. 高吞吐量、低延迟：Kafka 每秒可以处理几十万条消息，它的延迟最低只有几毫秒，每个 topic 可以分为多个 partition，consumer group 对 partition 进行 consume 操作。其高吞吐的特性除了可以作为微服务之间的消息队列，也可以用于日志收集、离线分析、实时分析等。

  b. 可扩展性：Kafka 集群支持热扩展。

  c. 持久性、可靠性：消息被持久化到本地磁盘，并且支持数据备份，防止数据丢失。

  d. 容错性：允许集群中节点失败（即若副本数量为 n，则允许 $n-1$ 个节点失败）。

  e. 高并发性：支持数千个客户端同时读写。

- ZooKeeper。ZooKeeper 是一个开放源码的分布式应用程序协调服务，是 Google（谷歌）Chubby 的一个开源实现，是 Hadoop 和 HBase 的重要组件。它是一个为分布式应用提供一致性服务的软件，提供的功能包括配置维护、域名服务、分布式同步、组服务等。ZooKeeper 的架构通过冗余服务实现高可用性。

④ 数据存储。

- MySQL。MySQL 通常在普通的业务库，数量不大的情况下使用，可实现数据库拆分。
- Redis。Redis 是一个开源、内存存储的数据结构服务器，通常在 SpringCloud 中作为 Pub/Sub 异步通信、缓存或主数据库和配置服务器的场景下应用。Redis 可以广泛用于微服务架构。它可能是用户应用程序以多种不同方式利用的少数流行软件解决方案之一。根据要求，Redis 可以充当主数据库、缓存或消息代理。虽然它也是一个键/值存储，但用户可以将其用作微服务体系结构中的配置服务器或发现服务器。虽然通常被定义为内存中的数据结构，但用户也可以在持久模式下运行 Redis。

2. gpmall 商城应用

（1）gpmall 商城应用简介

gpmall 商城应用是一个分布式的微服务架构应用。项目采用前后端分离开发，前端需要独立部署。项目基于SpringBoot2.1.6.RELEASE+Dubbo2.7.3构建微服务。gpmall商城应用采用前后端分离开发，前端使用的技术如下：

① Node.js。
② Axios。
③ ES6。
④ Vue。
⑤ SaSS。
⑥ Element UI。
⑦ webpack。
⑧ Vue Router。
⑨ Mock.js。

后端的主要架构是基于SpringBoot+Dubbo+MyBatis，后端使用的技术如下：

① SpringBoot 2.1.6。
② MyBatis。
③ Dubbo 2.7.2。
④ Zookeeper。
⑤ MySQL。
⑥ Redis。
⑦ Elasticsearch。
⑧ Kafka。
⑨ Druid。
⑩ Docker。
⑪ MyBatis Generator。
⑫ Sentinel。

（2）gpmall商城应用架构

gpmall商城应用的架构如图6-2所示。

gpmall商城应用是微服务架构，各个模块只负责自己相应的功能，具体模块及功能如下：

① gpmall-cashier：收银台，负责支付相关交互逻辑的Web项目，8083端口。
② gpmall-commons：公共的组件。
③ gpmall-front：商城的前端项目，使用Vue、Node、ES等前端技术开发。
④ gpmall-parent：父控文件，用来统一管理所有Jar包，用来统一管理所有项目的Jar包的版本。
⑤ gpmall-shopping：商品/购物车/首页渲染等交互的Web项目，8081端口。
⑥ gpmall-user：提供用户相关的交互，如登录、注册、个人中心等的Web项目，8082端口。
⑦ pay-service：提供支付处理能力的Dubbo服务，20883端口。
⑧ shopping-service：提供购物车、推荐商品、商品等服务的Dubbo服务，20881端口。
⑨ user-service：提供用户相关服务的Dubbo服务，20880端口。
⑩ order-service：提供订单服务的Dubbo服务，20882端口。

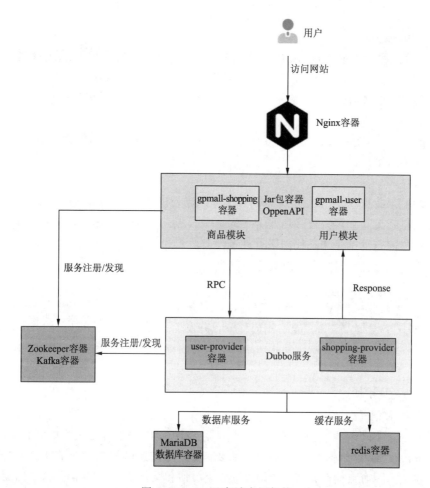

图 6-2　gpmall 商城应用架构

在下面的实战案例中，会搭建实战项目 gpmall 应用商城，让读者更加深入地了解微服务架构，并通过对所有服务的容器化，最后完成容器化部署微服务架构应用。

（3）gpmall 商城应用依赖服务

部署 gpmall 商城应用需要部署一些基础服务，如 Java 服务、Redis 服务、MariaDB 服务、Zookeeper 服务、Kafka 服务、Nginx 服务等，各服务的详细介绍如下：

① Java 服务。

Java 是一门面向对象编程语言，它不仅吸收了 C++语言的各种优点，还摒弃了 C++中难以理解的多继承、指针等概念，因此 Java 语言具有功能强大和简单易用两个特征。Java 语言作为静态面向对象编程语言的代表，极好地实现了面向对象理论，允许程序员以优雅的思维方式进行复杂的编程。

② Redis 服务。

Redis（Remote Dictionary Server，远程字典服务）是一个开源的使用 ANSIC 语言编写、支持网络、可基于内存亦可持久化的日志型、Key-Value 数据库，并提供多种语言的 API。从 2010 年 3 月 15 日起，Redis 的开发工作由 VMware 主持。从 2013 年 5 月开始，Redis 的开发由 Pivotal

赞助。

③ MariaDB 服务。

MariaDB 数据库管理系统是 MySQL 的一个分支，主要由开源社区维护，采用 GPL 授权许可，MariaDB 的目的是完全兼容 MySQL，包括 API 和命令行，使之能轻松成为 MySQL 的代替品。MariaDB 基于事务的 Maria 存储引擎替换了 MySQL 的 MyISAM 存储引擎。

④ ZooKeeper 服务。

ZooKeeper 的目标就是封装好复杂易出错的关键服务，将简单易用的接口和性能高效、功能稳定的系统提供给用户。

⑤ Kafka 服务。

Kafka 是由 Apache 软件基金会开发的一个开源流处理平台。Kafka 是一种高吞吐量的分布式发布订阅消息系统，它可以处理消费者在网站中的所有动作流数据。这种动作（网页浏览、搜索和其他用户的行动）是在现代网络上许多社会功能的一个关键因素。这些数据通常是由于吞吐量的要求而通过处理日志和日志聚合来解决。

⑥ Nginx 服务。

Nginx 是一款轻量级的 Web 服务器/反向代理服务器及电子邮件（IMAP/POP3）代理服务器，在 BSD-like 协议下发行。其特点是占用内存少，并发能力强，事实上 Nginx 的并发能力在同类型的网页服务器中表现较好，我国使用 Nginx 网站的用户包括百度、京东、新浪、网易、腾讯、淘宝等。

3. Docker 容器服务

（1）容器技术介绍

在介绍 Docker 容器技术之前，先介绍一下容器，IT 中的容器技术是英文单词 Linux Container 的直译。Container 有集装箱、容器的含义（主要偏集装箱的意思）。不过，在中文环境下，若翻译成"集装箱技术"有点拗口，结合中国人的吐字习惯和文化背景，"容器"这个词更合适。不过，如果要形象地理解 Linux Container 技术的话，"集装箱"会比较好。集装箱是运载货物用的，它是一种按规格标准化的钢制箱子。集装箱的特色，在于其格式划一，并可以层层重叠，所以可以大量放置在特别设计的远洋轮船中（早期航运是没有集装箱概念的，那时候货物杂乱无章地摆放，很影响出货和运输效率）。有了集装箱，就能更加快捷方便地为生产商提供廉价的运输服务。

因此，IT 行业借鉴了这一理念。早期，人们都认为硬件抽象层基于 Hypervisor（系统管理程序，一种运行在基础物理服务器和操作系统之间的中间软件层，可允许多个操作系统和应用共享硬件）的虚拟化方式可以最大程度上提供虚拟化管理的灵活性。各种不同操作系统的虚拟机都能通过 Hypervisor（如 KVM、XEN 等）来衍生、运行、销毁。然而，随着时间的推移，用户发现 Hypervisor 这种方式麻烦越来越多。因为对于 Hypervisor 环境来说，每个虚拟机都需要运行一个完整的操作系统以及其中安装好的大量应用程序。但实际生产开发环境中，更关注的是自己部署的应用程序，如果用户每次部署发布都要运行一个完整的操作系统和附带的依赖环境，那么这让任务和性能变得很重和很低下。

基于上述情况，人们开始思考，有没有其他方式能让人更加关注应用程序本身，底层多余的操作系统和环境用户可以共享和复用？换句话来说，用户部署一个服务运行好后，若想移植到另外一个地方，可以不用再安装一套操作系统和依赖环境。这就像集装箱运载一样，用户把一辆兰博基尼跑车（好比开发好的应用 App），打包放到一个集装箱（容器）中，它通过货轮可以轻而易举地从上海码头（CentOS 7.2 环境）运送到纽约码头（Ubuntu 14.04 环境）。而且运输期间，用户的兰博基尼跑车（App）没有受到任何损坏（文件没有丢失），在另外一个码头卸货后，依然可以正常启动。

Linux Container 技术的诞生（2008 年）解决了 IT 世界中"集装箱运输"的问题。Linux Container（简称 LXC）是一种内核轻量级的操作系统层虚拟化技术。Linux Container 主要由 Namespace 和 Cgroup 两大机制保证实现。那么 Namespace 和 Cgroup 是什么呢？刚才上面提到了集装箱，集装箱的作用是将货物进行打包隔离，不让 A 公司的货与 B 公司的货混在一起，不然卸货时就分不清楚了。Namespace 也是一样的作用，进行隔离。但是只有隔离还没用，还需要对货物进行资源的管理。同样，航运码头也有这样的管理机制：货物用什么样规格大小的集装箱，货物用多少个集装箱，哪些货物优先运走，遇到极端天气怎么暂停运输服务、如何改航道等。通用的，与此对应的 Cgroup 就负责资源管理控制作用，例如进程组使用 CPU/MEM 的限制、进程组的优先级控制、进程组的挂起和恢复等。

（2）Docker 技术

当前，Docker 几乎是容器的代名词，很多人以为 Docker 就是容器。其实，这是错误的认识，除了 Docker 还有 CoreOS。所以，容器世界中并不是只有 Docker 一家。既然不是一家就很容易出现分歧。任何技术出现都需要一个标准来规范它，不然很容易导致技术实现的碎片化，出现大量的冲突和冗余。因此，在 2015 年，由 Google、Docker、CoreOS、IBM、微软、红帽等厂商联合发起的 OCI（Open Container Initiative）组织成立了，并于 2016 年 4 月推出了第一个开放容器标准。标准主要包括 Runtime 运行时标准和 Image 镜像标准。标准的推出有助于稳定成长中的市场，让企业能放心地采用容器技术，用户在打包、部署应用程序后，可以自由选择不同的容器 Runtime；同时，镜像打包、建立、认证、部署、命名也都能按照统一的规范来做。

Docker 是一个开源的应用容器引擎，基于 Go 语言并遵从 Apache 2.0 协议开源。Docker 可以让开发者打包用户的应用以及依赖包到一个轻量级、可移植的容器中，然后发布到任何流行的 Linux 机器上，也可以实现虚拟化。容器是完全使用沙箱机制，相互之间不会有任何接口，更重要的是容器性能开销极低。Docker 让开发者可以打包用户的应用以及依赖包到一个可移植的容器中，然后发布到任何流行的 Linux 机器上，便可以实现虚拟化。Docker 改变了虚拟化的方式，使开发者可以直接将自己的成果放入 Docker 中进行管理。方便快捷已经是 Docker 的最大优势，过去需要用数天乃至数周的任务，在 Docker 容器的处理下，只需要数秒就能完成。一方面，云计算时代到来，使开发者不必为了追求效果而配置高额的硬件，Docker 改变了高性能必然高价格的思维定式。另一方面，Docker 与云的结合，让云空间得到更充分的利用。不仅解决了硬件管理的问题，也改变了虚拟化的方式。

（3）使用 Docker 的原因

作为一种新兴的虚拟化方式，Docker 与传统的虚拟化方式相比具有众多的优势。

① 更高效地利用系统资源。

由于容器不需要进行硬件虚拟以及运行完整操作系统等额外开销，Docker 对系统资源的利用率更高。无论是应用执行速度、内存损耗或者文件存储速度，都要比传统虚拟机技术更高效。因此，相比虚拟机技术，一个相同配置的主机，往往可以运行更多数量的应用。

② 更快速的启动时间。

传统的虚拟机技术启动应用服务往往需要数分钟，而 Docker 容器应用，由于直接运行于宿主内核，无须启动完整的操作系统，因此可以做到秒级，甚至毫秒级的启动时间。大大地节约了开发、测试、部署的时间。

③ 一致的运行环境。

开发过程中一个常见的问题是环境一致性问题。由于开发环境、测试环境、生产环境不一致，导致有些 BUG 并未在开发过程中被发现。而 Docker 的镜像提供了除内核外完整的运行时环境，确保了应用运行环境一致性，从而不会再出现这类问题。

④ 持续交付和部署。

对开发和运维（DevOps）人员来说，最希望的就是一次创建或配置，可以在任意地方正常运行。

使用 Docker 可以通过定制应用镜像实现持续集成、持续交付、部署。开发人员可以通过 Dockerfile 进行镜像构建，并结合持续集成（Continuous Integration）系统进行集成测试，而运维人员则可以直接在生产环境中快速部署该镜像，甚至结合持续部署（Continuous Delivery/Deployment）系统进行自动部署。

而且使用 Dockerfile 使镜像构建透明化，不仅方便开发团队理解应用运行环境，也方便了运维团队理解应用运行所需条件，从而更好地在生产环境中部署该镜像。

⑤ 更轻松的迁移。

由于 Docker 确保了执行环境的一致性，使得应用的迁移更加容易。Docker 可以在很多平台上运行，无论是物理机、虚拟机、公有云、私有云，甚至是笔记本计算机，其运行结果是一致的。因此用户可以很轻易地将在一个平台上运行的应用迁移到另一个平台上，而不用担心运行环境的变化导致应用无法正常运行的情况。

⑥ 更轻松的维护和扩展。

Docker 使用的分层存储以及镜像技术，使得应用重复部分的复用更为容易，也使得应用的维护更新、更加简单，而且基于基础镜像进一步扩展镜像也变得非常简单。此外，Docker 团队同各个开源项目团队一起维护了一大批高质量的官方镜像，既可以直接在生产环境中使用，又可以作为基础进一步定制，大大地降低了应用服务的镜像制作成本。

4. 微服务与容器

微服务为什么要容器化，微服务区别于单体架构的地方就在于"分而治之"，即通过切分服务以明确模块或者功能边界，即单个微服务只承担单一的功能或者责任。

然而，仅有"分"是不行的，软件系统是一个整体，很多功能来自若干服务模块的配合，因此必然要有"合"的手段，这对矛盾会体现在多个方面。

（1）应用开发

微服务很好地支持了语言技术栈的多元化，它通过切分系统的方式，为不同功能模块划定了清晰的边界，边界之间的通信方式很容易做到独立于某种技术栈，因此也就为纳入其他技术带来了空间。

但是不同技术栈的微服务之间，除了需要考虑通信机制，还要确保这些技术能以较低成本结合成一个系统。最终在线上，它们应当成为一个整体。

Docker将所有应用都标准化为可管理、可测试、易迁移的镜像/容器,因此为不同技术栈提供了整合管理的途径。在这种情况下,开发人员可以自由选择或者保持自己的常用工具,不必因为微服务的分裂产生过高的学习成本。

(2)组织结构

软件系统的结构受制于其生产者组织的沟通结构。从这个角度看,微服务的拆分会对团队扩张带来帮助,这不难理解,因为系统拆分为若干微服务会促进这些微服务之间的边界更清晰,边界清晰等于在边界之间协作信息量少,如果按照微服务拆分团队,团队之间的协作成本将比较低。

然而,"边界之间协作信息少"是有代价的。这代价就是团队的每个人对系统失去了整体视角和掌控能力,在这一点上,单体架构显然要好很多,每个开发者的开发环境都有完整的系统构建,所以很容易就可以获得对系统的整体印象和理解。这是微服务的短板,其核心在于构建成本,由于微服务来自不同团队和部门,因此如何搭建它就成为一个谜,同时由于不能低成本地获得一个完整的系统,系统整体的知识也就容易被开发者忽略,最终导致整体视角缺失。

对于大多数外部服务,用户需要考虑建立自动化系统构建和测试的方法,这是微服务架构带来的研发挑战。

如果首先对各系统进行容器化,就很容易通过统一的 docker build,建立一致性的构建服务,再结合 docker compose 等基础设施处理服务依赖,这些工作最终就可以产生一个平台,(自动化地)将被微服务打散的整个系统再构建出来(由于使用了微服务,构建速度在理论上就可以是并行的,因此甚至会比单体架构更敏捷)。

(3)系统变更碎片化

理论上,由于进行了分解,微服务架构的系统应该更加有利于系统的"改良",不必动辄就伤筋动骨,甚至另起炉灶。但是实际上并不一定会这样。例如,服务接口的升级,所有依赖该服务的其他服务也不得不升级,人们都知道,部分升级有时候还不如整体升级。

如果使用Docker,由于每个服务打包可以封装为一个Docker镜像,每个运行时的服务都表现为一个独立容器,之前建立的容器依赖就可以很容易地对应到服务依赖上,基于这种统一性,系统升级就很容易配合一些自动化工具实现"整体升级"(甚至还可以"整体降级")。

5. Compose 服务

(1)Docker Compose 简介

Docker Compose 项目是 Docker 官方的开源项目,负责实现对 Docker 容器集群的快速编排。

Docker Compose 将所管理的容器分为三层,分别是工程(project)、服务(service)以及容器(container)。Docker Compose 运行目录下的所有文件(docker-compose.yml,extends 文件或环境变量文件等)组成一个工程,若无特殊指定工程名即为当前目录名。一个工程当中可包含多个服务,每个服务中定义了容器运行的镜像、参数、依赖。一个服务当中可包括多个容器实例,Docker Compose 并没有解决负载均衡的问题,因此需要借助其他工具实现服务发现及负载均衡。

Docker Compose 的工程配置文件默认为 docker-compose.yml,可通过-f 参数或环境变量 COMPOSE_FILE 自定义配置文件,其定义了多个有依赖关系的服务及每个服务运行的容器。

使用一个 Dockerfile 模板文件,可以让用户很方便地定义一个单独的应用容器。在工作中,经常会碰到需要多个容器相互配合完成某项任务的情况。

例如网站开发最常见的场景：网站需要有数据库、网站应用、Nginx，互相配合才是完整的环境。为了简单完全可以以 CentOS 为基础镜像，把这些服务全装进去，然后运行。但是这样有很多缺点，例如每次都要重新装 MySQL 而不是直接利用 MySQL 官方的基础镜像，升级维护不方便；如果应用要扩展也很难，因为每个应用都连接着自己内部的数据库，无法共享数据；事实上，这种方式是典型的虚拟机使用方式，而不是 Docker 的正确打开方式。

Docker 是轻量化的应用程序，Docker 官方推荐每个 Docker 容器中只运行一个进程，也就是说，需要分别为应用、数据库、Nginx 创建单独的 Docker 容器，然后分别启动它。想象一下，安装好 Docker 服务之后，每次启动网站，都要至少使用 docker run 命令三次，是不是很烦琐？而且此时这几个服务的容器是分散独立的，很不方便管理。既然这几个容器都是为了同一个网站服务，是不是应该把它们放到一起？这就引出了 Docker Compose 项目。

（2）Docker Compose 基本概念

Docker Compose 有两个重要的概念：

① 项目（Project）：由一组关联的应用容器组成的一个完整业务单元，在 docker-compose.yaml 文件中定义。

② 服务（Service）：一个应用的容器，实际上可以包括若干运行相同镜像的容器实例。

（3）Docker Compose 的特点

① 将单个主机隔离成多个环境。

Compose 使用项目名称（project name）将不同应用的环境隔离开，项目名称可以用来：

- 在开发机上，将应用环境复制多份；
- 防止使用了相同名称服务的应用之间互相干扰。

默认情况下，项目名称是项目文件夹根目录的名称，用户可以使用 -p 标识或 COMPOSE_PROJECT_NAME 改变默认的名称。

② 保护卷中的数据。

Compose 保护服务使用的所有卷（vloumes），当运行 docker-compose run 命令时，如果 Compose 发现存在之前运行过的容器，它会把旧容器中的数据卷复制到新容器中，这保证了用户在卷中创建的任何数据都不会丢失。

③ 只重新创建改变过的容器。

Compose 会缓存用于创建容器的配置信息，当重启服务时，如果服务没有被更改，Compose 就会重新使用已经存在的容器，这无疑加快了修改应用的速度。

Compose 文件是一个 YAML 文件，用于定义 services、network 和 volumes。Compose 文件的默认路径为 ./docker-compose.yml（扩展名为 .yml 和 .yaml 都可以）。

一个 service 配置将会应用到容器的启动中，就像将命令行参数传递给 docker run。同样，在 YAML 文件中 network 和 volume 定义类似于 docker network create 和 docker volume create。

任务 6.1　单节点部署 gpmall 商城应用

任务描述

本任务主要介绍 gpmall 商城应用基础服务，包括 MariaDB 数据库、Redis 缓存数据库、Zookeeper 和 Kafka 等服务的安装、部署与配置，并使用该基础环境，最后启动 gpmall 商城应用。gpmall 商城应用是一个前后端分离的微服务架构应用，前端使用 Nginx 服务，后端使用 Jar 包的形式，共分为 4 个 Jar 包，分别承担用户注册、商品展示等功能。通过本任务的学习，读者可以体验到微服务架构应用的部署方式与方法，对进一步学习容器化部署应用有一定的帮助。

任务分析

该任务需要一台虚拟机进行实验，具体规划如下。

1. 节点规划

单节点部署 gpmall 商城应用实验节点规划见表 6-2。

表 6-2　节点规划

IP	主机名	节点
192.168.200.40	gpmall	gpmall 节点

2. 环境准备

使用 VMware Workstation 最小化安装一台虚拟机，配置使用 1vCPU/2 GB 内存/40 GB 硬盘，镜像使用 CentOS-7-x86_64-DVD-1804.iso，网络使用 NAT 模式，并将 NAT 模式的网段配置成 192.168.200.0/24。虚拟机安装完毕之后，配置虚拟机 IP（可自行配置 IP 地址，此处配置的地址为 192.168.200.40），最后使用远程连接工具进行连接。

任务实施

1. 基础环境准备

首先将虚拟机的主机名修改为 gpmall，命令如下：

```
[root@localhost ~]# hostnamectl set-hostname gpmall
[root@localhost ~]# bash
[root@gpmall ~]# hostnamectl
   Static hostname: gpmall
         Icon name: computer-vm
           Chassis: vm
        Machine ID: 1d0a70113a074d488dc3b581178a59b8
           Boot ID: 7285608fd50c4da886e94c6a33873ed9
    Virtualization: vmware
  Operating System: CentOS Linux 7 (Core)
       CPE OS Name: cpe:/o:centos:centos:7
            Kernel: Linux 3.10.0-862.el7.x86_64
      Architecture: x86-64
```

修改主机名与 IP 的映射，命令如下：

```
[root@gpmall ~]# cat /etc/hosts
127.0.0.1    localhost localhost.localdomain localhost4 localhost4.localdomain4
::1          localhost localhost.localdomain localhost6 localhost6.localdomain6
#添加如下一行
192.168.200.40 gpmall
```

2. 基础环境安装

gpmall 商城应用需要依赖数据库、Redis、ZooKeeper、Kafka 等基础服务，所以需要安装这些基础服务，具体操作如下：

（1）配置 yum 源

将 gpmall-single.tar.gz 软件包上传至 docker 节点的/root 目录下，然后解压缩到/opt 目录下，命令如下：

```
[root@docker ~]# tar -zxf gpmall-single.tar.gz -C /opt/
```

移除/etc/yum.repos.d/原有的 repo 文件，并新建 local.repo 文件，编辑 local.repo 文件，具体命令如下：

```
[root@gpmall ~]# mv /etc/yum.repos.d/* /media/
[root@gpmall ~]# vi /etc/yum.repos.d/local.repo
#local.repo 文件内容如下：
[gpmall]
name=gpmall
baseurl=file:///opt/gpmall-single/gpmall-repo
gpgcheck=0
enabled=1
```

配置完成后，使用如下命令查看 yum 源是否配置成功：

```
[root@gpmall ~]# yum repolist
Loaded plugins: fastestmirror
Determining fastest mirrors
Gpmall                              | 2.9 kB  00:00:00
gpmall/primary_db                   |  98 kB  00:00:00
repo id              repo name                  status
gpmall               gpmall                     129
repolist: 129
```

看到 repolist 是 129，即 yum 源配置成功。

（2）安装 Java 环境

配置完 yum 源之后，安装基础环境，首先安装 Java 环境，命令如下：

```
[root@gpmall ~]# yum install -y java-1.8.0-openjdk java-1.8.0-openjdk-devel
...忽略输出...
```

查看 Java 版本，确认 Java 环境是否安装成功，命令如下：

```
[root@gpmall ~]# java -version
openjdk version "1.8.0_262"
OpenJDK Runtime Environment (build 1.8.0_262-b10)
OpenJDK 64-Bit Server VM (build 25.262-b10, mixed mode)
```

可以查看到 Java 版本，说明 Java 安装正确。

（3）安装数据库服务

安装 MariaDB 数据库服务，命令如下：

```
[root@gpmall ~]# yum install mariadb-server mariadb -y
...忽略输出...
```

（4）安装 Redis 服务

安装 Redis 缓存服务，命令如下：

```
[root@gpmall ~]# yum install redis -y
...忽略输出...
```

（5）安装 Nginx 服务

安装 Nginx 反向代理服务，命令如下：

```
[root@gpmall ~]# yum install nginx -y
...忽略输出...
```

（6）安装 ZooKeeper 服务

安装 ZooKeeper 服务，可使用 zookeeper-3.4.14.tar.gz 软件包（该软件包在/opt/gpmall-single 目录内），解压压缩包命令如下：

```
[root@gpmall gpmall-single]# tar -zxvf zookeeper-3.4.14.tar.gz
```

进入 zookeeper-3.4.14/conf 目录下，将 zoo_sample.cfg 文件重命名为 zoo.cfg，命令如下：

```
[root@gpmall gpmall-single]# mv zoo_sample.cfg zoo.cfg
```

进入 zookeeper-3.4.14/bin 目录下，启动 ZooKeeper 服务，命令如下：

```
[root@docker gpmall-single]# ./zkServer.sh start
ZooKeeper JMX enabled by default
Using config: /root/zookeeper-3.4.14/bin/../conf/zoo.cfg
Starting zookeeper ... STARTED
```

查看 ZooKeeper 状态，命令如下：

```
[root@gpmall gpmall-single]# ./zkServer.sh status
ZooKeeper JMX enabled by default
Using config: /root/zookeeper-3.4.14/bin/../conf/zoo.cfg
Mode: standalone
```

（7）安装 Kafka 服务

安装 Kafka 服务，使用 kafka_2.11-1.1.1.tgz 软件包（该软件包在/opt/gpmall-single 目录内），解压该压缩包，命令如下：

```
[root@gpmall gpmall-single]# tar -zxvf kafka_2.11-1.1.1.tgz
```

进入 kafka_2.11-1.1.1/bin 目录下，启动 Kafka 服务，命令如下：

```
[root@gpmall gpmall-single]# ./kafka-server-start.sh -daemon ../config/server.properties
```

使用 jps 命令查看 Kafka 是否成功启动，命令如下：

```
[root@gpmall gpmall-single]# jps
6039 Kafka
1722 QuorumPeerMain
6126 Jps
```

还可以使用 netstat 命令查看 Kafka 服务端口是否放开，如下所示：

```
[root@gpmall bin]# netstat -ntpl
Active Internet connections (only servers)
Proto Recv-Q Send-Q Local Address    Foreign Address   State     PID/Program name
Tcp    0      0     0.0.0.0: 22      0.0.0.0:*         LISTEN    1025/sshd
Tcp    0      0     127.0.0.1:25     0.0.0.0:*         LISTEN    1292/master
tcp6   0      0     : : :9092        :::*              LISTEN    6164/java
tcp6   0      0     : : :39141       :::*              LISTEN    6164/java
tcp6   0      0     : : :2181        :::*              LISTEN    5856/java
tcp6   0      0     : : :3307        :::*              LISTEN    4457/docker-proxy
tcp6   0      0     : : :5679        :::*              LISTEN    4678/docker-proxy
tcp6   0      0     : : :22          :::*              LISTEN    1025/sshd
tcp6   0      0     : : :25          :::*              LISTEN    1292/master
tcp6   0      0     : : :33211       :::*              LISTEN    5856/java
```

运行结果查看到 Kafka 服务和 9092 端口，说明 Kafka 服务已启动。至此，gpmall 商城应用所需要的基础服务均安装完毕。在安装完服务后，还需对各服务进行配置，具体步骤详见下面的服务配置实操案例。

3. 服务配置

（1）数据库服务配置

需要对安装完的数据库进行初始化配置，设置数据库密码、设置访问权限、导入数据库等，具体操作如下：

首先启动数据服务并进行数据库初始化操作，命令如下：

```
[root@gpmall ~]# systemctl start mariadb
```

设置 root 用户的密码为 123456 并登录。

```
[root@gpmall ~]# mysql_secure_installation
/usr/bin/mysql_secure_installation: line 379: find_mysql_client: command not found
NOTE: RUNNING ALL PARTS OF THIS SCRIPT IS RECOMMENDED FOR ALL MariaDB
      SERVERS IN PRODUCTION USE!  PLEASE READ EACH STEP CAREFULLY!
In order to log into MariaDB to secure it, we'll need the current
password for the root user.  If you've just installed MariaDB, and
you haven't set the root password yet, the password will be blank,
so you should just press enter here.
Enter current password for root (enter for none):       #默认按【Enter】键
OK, successfully used password, moving on...
Setting the root password ensures that nobody can log into the MariaDB
root user without the proper authorisation.
Set root password? [Y/n] y
New password:                                           #输入数据库 root 密码 123456
Re-enter new password:                                  #重复输入密码 123456
Password updated successfully!
Reloading privilege tables..
 ... Success!
By default, a MariaDB installation has an anonymous user, allowing anyone
to log into MariaDB without having to have a user account created for
them.  This is intended only for testing, and to make the installation
go a bit smoother.  You should remove them before moving into a
production environment.
```

```
Remove anonymous users? [Y/n] y                    #输入y,删除匿名用户
 ... Success!
Normally, root should only be allowed to connect from 'localhost'. This
ensures that someone cannot guess at the root password from the network.
Disallow root login remotely? [Y/n] n              #输入n,允许root远程登录
 ... skipping.
By default, MariaDB comes with a database named 'test' that anyone can
access. This is also intended only for testing, and should be removed
before moving into a production environment.
Remove test database and access to it? [Y/n] y  #输入y,移除测试库
 - Dropping test database...
 ... Success!
 - Removing privileges on test database...
 ... Success!
Reloading the privilege tables will ensure that all changes made so far
will take effect immediately.
Reload privilege tables now? [Y/n] y               #输入y,重新加载授权信息
 ... Success!
Cleaning up...
All done! If you've completed all of the above steps, your MariaDB
installation should now be secure.
Thanks for using MariaDB!
```

看到 Success 信息,初始化数据库成功,接下来设置数据库的远程访问权限,命令如下:

```
[root@gpmall ~]# mysql -uroot -p123456
Welcome to the MariaDB monitor. Commands end with ; or \g.
Your MariaDB connection id is 9
Server version: 10.3.18-MariaDB MariaDB Server

Copyright (c) 2000, 2018, Oracle, MariaDB Corporation Ab and others.

Type 'help;' or '\h' for help. Type '\c' to clear the current input statement.

MariaDB [(none)]> grant all privileges on *.* to root@localhost identified
by '123456' with grant option;
Query OK, 0 rows affected (0.001 sec)

MariaDB [(none)]> grant all privileges on *.* to root@"%" identified by
'123456' with grant option;
Query OK, 0 rows affected (0.001 sec)
```

以上两条命令设置了 root 用户的本地和远程登录权限。

最后还需要创建 gpmall 库,并将 gpmall.sql 文件(该文件在/opt/gpmall-single 目录下)导入该库,命令如下:

```
MariaDB [(none)]> create database gpmall;
Query OK, 1 row affected (0.00 sec)
MariaDB [(none)]> use gpmall;
MariaDB [gpmall]> source /opt/gpmall-single/gpmall.sql
```

导入 gpmall.sql 之后,退出数据库,并设置数据库服务开机自启,命令如下:

```
MariaDB [gpmall]> Ctrl-C -- exit!
```

```
Aborted
[root@gpmall ~]# systemctl enable mariadb
Created symlink from /etc/systemd/system/multi-user.target.wants/mariadb.
service to /usr/lib/systemd/system/mariadb.service.
```

至此，数据库服务配置完毕。

（2）Redis 服务配置

Redis 服务的配置比较简单，只需要修改 Redis 的配置文件，取消保护模式和访问限制，具体操作步骤如下：

```
[root@gpmall ~]# vi /etc/redis.conf
#编辑/etc/redis.conf 配置文件
#找到 bind 127.0.0.1 行，将这一行注释掉
#找到 protected-mode yes 行，将 yes 改为 no
```

修改完之后，保存退出文件，然后启动 Redis 服务并设置开机自启，命令如下：

```
[root@gpmall ~]# systemctl start redis
[root@gpmall ~]# systemctl enable redis
Created symlink from /etc/systemd/system/multi-user.target.wants/redis.
service to /usr/lib/systemd/system/redis.service.
```

这样，Redis 缓存服务配置完毕。

（3）Nginx 服务配置

将 dist 目录下的文件（dist 目录在/opt/gpmall-single 目录下）复制到 Nginx 默认项目路径（首先清空默认项目路径下的文件）。

```
[root@gpmall ~]# rm -rf /usr/share/nginx/html/*
[root@gpmall ~]# cp -rvf /opt/gpmall-single/dist/* /usr/share/nginx/html/
```

修改 Nginx 配置文件/etc/nginx/conf.d/default.conf，添加映射，如下所示：

```
[root@gpmall ~]# vi /etc/nginx/conf.d/default.conf
server {
    listen       80;
    server_name  localhost;

    #charset koi8-r;
    #access_log  /var/log/nginx/host.access.log  main;

    location / {
        root   /usr/share/nginx/html;
        index  index.html index.htm;
    }
    #添加如下 user、shopping、cashier 的访问地址
    location /user {
        proxy_pass http://127.0.0.1:8082;
    }

    location /shopping {
        proxy_pass http://127.0.0.1:8081;
    }

    location /cashier {
```

```
            proxy_pass http://127.0.0.1:8083;
        }
        #error_page  404              /404.html;
    }
```

重启 Nginx 服务并设置开机自启，命令如下：

```
[root@gpmall ~]# systemctl restart nginx
[root@gpmall ~]# systemctl enable nginx
Created symlink from /etc/systemd/system/multi-user.target.wants/nginx.service to /usr/lib/systemd/system/nginx.service.
```

到此，Nginx 服务部署完毕。

（4）全局变量配置

最后，配置全局变量，修改/etc/hosts 文件，修改项目全局配置文件如下：

```
[root@gpmall ~]# cat /etc/hosts
127.0.0.1    localhost localhost.localdomain localhost4 localhost4.localdomain4
::1          localhost localhost.localdomain localhost6 localhost6.localdomain6
#添加如下四行
192.168.200.40 gpmall
192.168.200.40 kafka.mall
192.168.200.40 mysql.mall
192.168.200.40 redis.mall
192.168.200.40 zookeeper.mall
```

配置完毕后保存退出文件，完成上述所有配置后，gpmall 商城应用的所有基本服务及配置就准备完毕了，接下来只要启动后端的 Jar 包，就可以运行 gpmall 商城应用。

4. 启动应用

将提供的 4 个 Jar 包按照顺序启动，启动命令如下：

```
[root@docker gpmall-single]# nohup java -jar shopping-provider-0.0.1-SNAPSHOT.jar &
[1] 6432
[root@docker gpmall-single]# nohup: ignoring input and appending output to 'nohup.out'

[root@docker gpmall-single]# nohup java -jar user-provider-0.0.1-SNAPSHOT.jar &
[2] 6475
[root@docker gpmall-single]# nohup: ignoring input and appending output to 'nohup.out'

[root@docker gpmall-single]# nohup java -jar gpmall-shopping-0.0.1-SNAPSHOT.jar &
[3] 6523
[root@docker gpmall-single]# nohup: ignoring input and appending output to 'nohup.out'

[root@docker gpmall-single]# nohup java -jar gpmall-user-0.0.1-SNAPSHOT.jar &
[4] 6563
[root@docker gpmall-single]# nohup: ignoring input and appending output to 'nohup.out'
```

按照顺序运行 4 个 Jar 包后，后端服务部署完毕。此时可以通过网页访问 http://192.168.200.16，如图 6-3 所示。

图 6-3　商城首页

通过上述实验手动部署 gpmall 商城应用，分析如何分解各依赖服务，制作容器镜像，编排部署商城应用。

任务 6.2　容器化部署 gpmall 商城应用

任务描述

本任务主要介绍 gpmall 商城应用的容器化编排部署，首先通过安装 Docker 与 Compose 服务，将基础服务安装完毕，然后通过对 gpmall 商城应用依赖服务的解析，使用 Dockerfile 的方式制作 MariaDB 容器镜像、Redis 容器镜像、ZooKeeper 容器镜像、Kafka 容器镜像等，最后通过 Docker Compose 编排服务，编排部署 gpmall 商城应用。通过本任务的学习，读者可以体验到微服务架构与容器化的结合，对微服务架构有更深的认识，为今后学习 DevOps 或者云原生知识提供一定的帮助。

任务分析

该任务需要一台虚拟机进行实验，具体规划如下。

1. 节点规划

容器化编排部署 gpmall 商城应用实验节点规划见表 6-3。

单元 6 Linux 微服务架构

表 6-3 节点规划

IP	主 机 名	节 点
192.168.200.41	docker	容器化编排部署节点

2. 环境准备

使用 VMWare Workstation 最小化安装一台虚拟机，配置使用 1vCPU/2 GB 内存/40 GB 硬盘，镜像使用 CentOS-7-x86_64-DVD-1804.iso，网络使用 NAT 模式，并将 NAT 模式的网段配置成 192.168.200.0/24。虚拟机安装完毕之后，配置虚拟机 IP（可自行配置 IP 地址，此处配置的地址为 192.168.200.41），最后使用远程连接工具进行连接。

任务实施

1. 安装 Docker 服务

（1）修改主机名

使用远程连接工具连接虚拟机（虚拟机 IP 自行配置为 192.168.200.41），并修改主机名为 docker，命令如下：

```
[root@localhost ~]# hostnamectl set-hostname docker
[root@localhost ~]# logout
[root@docker ~]# hostnamectl
   Static hostname: docker
         Icon name: computer-vm
           Chassis: vm
        Machine ID: 7378af07fbd948cf8fea45ebcaff9ada
           Boot ID: 8556d6a713434d29802b553c5775cfc8
    Virtualization: vmware
  Operating System: CentOS Linux 7 (Core)
       CPE OS Name: cpe:/o:centos:centos:7
            Kernel: Linux 3.10.0-862.el7.x86_64
      Architecture: x86-64
```

（2）关闭防火墙及 SELinux

使用如下命令，关闭防火墙及 SELinux 服务：

```
[root@docker ~]# setenforce 0
[root@docker ~]# getenforce
Permissive
[root@docker ~]# systemctl stop firewalld
```

（3）配置 yum 源

将提供的 docker-repo 目录上传至虚拟机的 /opt 目录下，并配置本地 yum 源文件 local.repo，具体操作步骤如下：

首先移除 /etc/yum.repos.d/ 目录下的原有文件到 /media 目录，命令如下：

```
[root@docker ~]# mv /etc/yum.repos.d/* /media/
```

创建新的 local.repo 文件，命令与文件内容如下：

```
[root@docker ~]# vi /etc/yum.repos.d/local.repo
[root@docker ~]# cat /etc/yum.repos.d/local.repo
```

```
[docker]
name=docker
baseurl=file:///opt/docker-repo
gpgcheck=0
enabled=1
```

查看配置的本地 yum 源是否可用,命令如下:

```
[root@docker ~]# yum clean all
Loaded plugins: fastestmirror
Cleaning repos: docker
Cleaning up everything
Maybe you want: rm -rf /var/cache/yum, to also free up space taken by orphaned data from disabled or removed repos
[root@docker ~]# yum repolist
Loaded plugins: fastestmirror
Determining fastest mirrors
Docker                          | 2.9 kB  00:00:00
docker/primary_db               | 166 kB  00:00:00
repo id              repo name                status
docker               docker                   178
repolist: 178
```

可以查看到 repolist 数量为 178,即表示 yum 源可用。

(4)安装 Docker 服务

使用 yum 命令安装 docker-ce 服务,命令如下:

```
[root@docker ~]# yum install docker-ce -y
... ...
Installed:
  docker-ce.x86_64 3:19.03.13-3.el7
... ...
Complete!
```

安装 Docker 服务完毕,启动并查看 Docker 服务版本,命令如下:

```
[root@docker ~]# systemctl start docker
[root@docker ~]# docker info
Client:
 Debug Mode: false

Server:
 Containers: 0
  Running: 0
  Paused: 0
  Stopped: 0
 Images: 0
 Server Version: 19.03.13
 Storage Driver: overlay2
  Backing Filesystem: xfs
  Supports d_type: true
  Native Overlay Diff: true
 Logging Driver: json-file
 Cgroup Driver: cgroupfs
 Plugins:
```

```
      Volume: local
      Network: bridge host ipvlan macvlan null overlay
      Log: awslogs fluentd gcplogs gelf journald json-file local logentries splunk
syslog
     Swarm: inactive
     Runtimes: runc
     Default Runtime: runc
     Init Binary: docker-init
     containerd version: 8fba4e9a7d01810a393d5d25a3621dc101981175
     runc version: dc9208a3303feef5b3839f4323d9beb36df0a9dd
     init version: fec3683
     Security Options:
      seccomp
        Profile: default
     Kernel Version: 3.10.0-862.el7.x86_64
     Operating System: CentOS Linux 7 (Core)
     OSType: linux
     Architecture: x86_64
     CPUs: 2
     Total Memory: 3.685GiB
     Name: master
     ID: BSHC:YAO7:DHUQ:N5Y3:RKFI:3G7D:5IZI:TNTP:PHU5:J3DA:VPFE:4DJ3
     Docker Root Dir: /var/lib/docker
     Debug Mode: false
     Registry: https://index.docker.io/v1/
     Labels:
     Experimental: false
     Insecure Registries:
      127.0.0.0/8
     Live Restore Enabled: false
```

可以看到 Docker 的版本为 19.03.13。

2. 安装 Docker Compose 服务

将 v1.25.5-docker-compose-Linux-x86_64 文件上传至 docker 节点，然后复制该文件至 /usr/local/bin/ 目录下，并重命名为 docker-compose，命令如下：

```
[root@docker ~]# cp v1.25.5-docker-compose-Linux-x86_64 /usr/local/bin/docker-compose
```

给 docker-compose 赋予执行权限，命令如下：

```
[root@docker ~]# chmod +x /usr/local/bin/docker-compose
```

赋予权限后，即可使用 docker-compose 命令查看 docker-compose 的版本，命令如下：

```
[root@docker ~]# docker-compose version
docker-compose version 1.25.5, build 8a1c60f6
docker-py version: 4.1.0
CPython version: 3.7.5
OpenSSL version: OpenSSL 1.1.0l  10 Sep 2019
```

至此，docker-compose 工具安装成功。

3. gpmall 基础服务容器化

（1）容器化分析

按照容器的运行规则，一个容器提供一种服务，在商城应用中，使用到了 MariaDB 数据库服务、Redis 缓存服务、Java 环境、ZooKeeper 服务、Kafka 服务、前端 Nginx 服务和后端 Jar 包服务。

通过仔细分析，Java 环境是为了运行 Jar 包而安装的，Kafka 服务需要 ZooKeeper 服务的依赖，最后决定如果要容器化部署 gpmall 商城应用，需要制作如下五个容器镜像：

① MariaDB 镜像提供数据库服务；
② Redis 镜像提供缓存服务；
③ ZooKeeper 镜像提供协调服务；
④ Kafka 镜像提供发布订阅消息服务；
⑤ Nginx 镜像提供前端界面与后端功能服务。

确定了要制作的镜像，可以根据上面实操的步骤，编写 Dockerfile 文件，制作容器镜像，最后通过 docker-compose 编排工具编排部署 gpmall 商城应用。

（2）制作 Redis 镜像

首先创建制作 Redis 镜像的工作目录，命令如下：

```
[root@docker opt]# mkdir redis
```

此处在/opt 目录下创建 Redis 工作目录。根据手动安装 Redis 和配置的方式，编写 Dockerfile 文件，文件内容如下：

```
FROM centos:centos7.5.1804
MAINTAINER chinaskill
EXPOSE 6379
RUN rm -rf /etc/yum.repos.d/*
COPY ftp.repo /etc/yum.repos.d/ftp.repo
RUN yum install redis -y
RUN sed -i "s/bind 127.0.0.1/bind 0.0.0.0/g" /etc/redis.conf
RUN sed -i "s/protected-mode.*/protected-mode no/g" /etc/redis.conf
CMD redis-server /etc/redis.conf
```

从 Dockerfile 中可以看到，首先使用的基础镜像是 CentOS 7.5 版本，使用提供的 centos-centos7.5.1804.tar 镜像包上传至 docker 节点的/root 目录下，然后 load，load 完毕后使用命令查看：

```
[root@docker ~]# docker images
REPOSITORY    TAG             IMAGE ID        CREATED       SIZE
centos        centos7.5.1804  cf49811e3cdb    2 years ago   200MB
```

然后再看 Dockerfile 文件，笔者称为 chinaskill，这里可以自定义，可以修改成自己的名字。

暴露 6379 端口，因为 Redis 服务的默认端口是 6379，所以需要将该端口暴露。

删除原有的 repo 文件，为创建自定义 repo 文件做准备。

将 redis 目录下的 ftp.repo 文件复制到容器内部的/etc/yum.repos.d/目录下，ftp.repo 文件的内容如下：

```
[centos]
name=centos
gpgcheck=0
enabled=1
baseurl=ftp://192.168.200.16/centos
[gpmall]
name=gpmall
```

```
gpgcheck=0
enabled=1
baseurl=ftp://192.168.200.16/gpmall-single/gpmall-repo
```

可以看到此处需要在容器内安装 Redis 服务，使用 FTP 的方式进行安装，所以需要在宿主机 docker 节点安装 FTP 服务，然后将/opt 目录共享，容器内部的 ftp.repo 文件 baseurl 指向宿主机的 FTP 地址，这样，容器内部安装 Redis 服务就可以使用宿主机的 FTP 源了。

关于如何安装和配置 FTP 服务此处不再赘述（安装完 FTP 服务器确保 SELinux 和防火墙处于关闭状态）。需要注意，ftp.repo 文件中有一个 CentOS 的源，因为基础镜像为 CentOS 7.5 的容器，在容器中安装服务，可能会出现没有依赖包的情况，所以要把 CentOS 的源挂上。

配置完 yum 源之后，在 Dockerfile 文件中安装 Redis 服务和配置，最后设置 Redis 服务的启动。

梳理完 Dockerfile 文件之后，进行镜像的制作，确认/opt/redis 目录下存在 Dockerfile 文件和 ftp.repo 文件，且基本环境也配置完毕，制作镜像命令如下：

```
[root@docker redis]# docker build -t gpmall-redis:v1.0 .
Sending build context to Docker daemon  3.072kB
Step 1/9 : FROM centos:centos7.5.1804
 ---> cf49811e3cdb
Step 2/9 : MAINTAINER chinaskill
...忽略输出...
Successfully built 5ab933f160f5
Successfully tagged gpmall-redis:v1.0
```

从 docker build 命令可以看到制作的镜像名为 gpmall-redis:v1.0，看到没有报错，最后显示 Successfully built，说明镜像制作成功，可以查看镜像列表，如下所示：

```
[root@docker redis]# docker images
REPOSITORY       TAG       IMAGE ID       CREATED         SIZE
gpmall-redis     v1.0      5ab933f160f5   2 minutes ago   243MB
```

如果制作 Redis 镜像失败，可以从 yum 源排查问题，查看宿主机的 FTP 服务是否安装成功，是否把/opt 目录设为访问目录，SELinux 和 Firewalld 防火墙是否关闭，/opt 目录下的文件是否正确，ftp.repo 文件是否准确。

（3）制作数据库镜像

同样的，首先创建制作镜像的工作目录，命令如下：

```
[root@docker ~]# mkdir /opt/mariadb
```

根据手动安装 MariaDB 和配置的方式，编写 Dockerfile 文件，文件内容如下：

```
FROM centos:centos7.5.1804
MAINTAINER chinaskill
EXPOSE 3306
ENV LC_ALL en_US.UTF-8
RUN rm -rf /etc/yum.repos.d/*
COPY ftp.repo /etc/yum.repos.d/ftp.repo
RUN yum install mariadb mariadb-server -y
COPY setup.sh /root/setup.sh
COPY gpmall.sql /root/gpmall.sql
RUN chmod 755 -R /root/setup.sh
```

```
RUN /root/setup.sh
CMD ["mysqld_safe"]
```

从 Dockerfile 中可以看到，同样基于 CentOS 7.5 的基础镜像；作者为 chinaskill；暴露 3306 端口；配置数据库的字符编码为 UTF-8；删除容器中原有的 repo 文件；复制 ftp.repo 文件到容器内部的 /etc/yum.repos.d/ 目录下，ftp.repo 文件内容如下：

```
[centos]
name=centos
gpgcheck=0
enabled=1
baseurl=ftp://192.168.200.16/centos
[gpmall]
name=gpmall
gpgcheck=0
enabled=1
baseurl=ftp://192.168.200.16/gpmall-single/gpmall-repo
```

可以看到该 repo 文件与 Redis 中的一样，不需要做其他配置。继续检查 Dockerfile 文件，复制完 yum 源之后，安装数据库服务；复制 setup.sh 到容器内部，该脚本是数据库的操作脚本，setup.sh 的内容如下：

```
#!/bin/bash

mysqld_safe &
sleep 5
mysql -e "create database gpmall; use gpmall; source /root/gpmall.sql;"
mysql -e "grant all privileges on *.* to root@'localhost' identified by '123456';"
mysql -uroot -p123456 -e "grant all privileges on *.* to root@'%' identified by '123456';"
```

该脚本做了启动数据库、创建库、导入库、设置权限等操作；Dockerfile 中下一步操作为复制 gpmall.sql 文件到容器中，设置 setup.sh 的权限，运行脚本，最后设置 MySQL 启动。

梳理完 Dockerfile 文件之后，进行镜像的制作，确认 /opt/mariadb 目录下存在 Dockerfile、ftp.repo、setup.sh 和 gpmall.sql 文件，且基本环境也配置完毕，制作镜像命令如下：

```
[root@docker mariadb]# docker build -t gpmall-mariadb:v1.0 .
Sending build context to Docker daemon    64kB
Step 1/12 : FROM centos:centos7.5.1804
 ---> cf49811e3cdb
Step 2/12 : MAINTAINER chinaskill
 ---> Using cache
 ---> 778b2f97dc49
Step 3/12 : EXPOSE 3306
 ---> Running in 0ed78a0857c1
Removing intermediate container 0ed78a0857c1
 ---> 88c2ee09727c
...忽略输出...
Step 12/12 : CMD ["mysqld_safe"]
 ---> Running in 76ae0dd3ef91
Removing intermediate container 76ae0dd3ef91
```

```
---> 8a5e6739f80f
Successfully built 8a5e6739f80f
Successfully tagged gpmall-mariadb:v1.0
```

从 docker build 命令可以看到制作的镜像名为 gpmall-mariadb:v1.0，看到没有报错，最后显示 Successfully built，说明镜像制作成功，可以查看镜像列表，如下所示：

```
[root@docker mariadb]# docker images
REPOSITORY        TAG      IMAGE ID         CREATED          SIZE
gpmall-mariadb    v1.0     8a5e6739f80f     2 minutes ago    833MB
```

制作完数据库镜像之后，接下来准备制作 ZooKeeper 服务的镜像。

（4）制作 ZooKeeper 镜像

制作 ZooKeeper 镜像，首先创建工作目录，命令如下：

```
[root@docker ~]# mkdir /opt/zookeeper
```

根据手动安装 ZooKeeper 和配置的方式，编写 Dockerfile 文件，文件内容如下：

```
FROM centos:centos7.5.1804
MAINTAINER chinaskill
EXPOSE 2181
RUN rm -rf /etc/yum.repos.d/*
COPY ftp.repo /etc/yum.repos.d/ftp.repo
RUN yum install java-1.8.0-openjdk java-1.8.0-openjdk-devel -y
ADD zookeeper-3.4.14.tar.gz /opt
RUN mv /opt/zookeeper-3.4.14/conf/zoo_sample.cfg /opt/zookeeper-3.4.14/conf/zoo.cfg
CMD ["sh","-c","/opt/zookeeper-3.4.14/bin/zkServer.sh start && tail -f /etc/shadow"]
```

从 Dockerfile 中可以看出，使用 CentOS 7.5 的基础镜像；作者是 chinaskill；暴露 2181 端口；删除容器内部原有的 repo 文件；复制 ftp.repo 到容器内部，ftp.repo 文件内容如下：

```
[centos]
name=centos
gpgcheck=0
enabled=1
baseurl=ftp://192.168.200.16/centos
[gpmall]
name=gpmall
gpgcheck=0
enabled=1
baseurl=ftp://192.168.200.16/gpmall-single/gpmall-repo
```

ftp.repo 文件与之前的无异，只要确认宿主机的 FTP 服务正常即可。返回到 Dockerfile 文件，接下来安装 Java 环境；将 zookeeper-3.4.14.tar.gz 软件包传至容器内部的/opt 目录下，将配置文件重命名，最后运行 ZooKeeper 服务。

梳理完 Dockerfile 文件之后，进行镜像的制作，确认/opt/zookeeper 目录下存在 Dockerfile、ftp.repo 和 zookeeper-3.4.14.tar.gz 文件，且基本环境配置完毕，制作镜像命令如下：

```
[root@docker zookeeper]# docker build -t gpmall-zookeeper:v1.0 .
Sending build context to Docker daemon  37.68MB
Step 1/9 : FROM centos:centos7.5.1804
```

```
   ---> cf49811e3cdb
Step 2/9 : MAINTAINER chinaskill
   ---> Using cache
   ---> 778b2f97dc49
Step 3/9 : EXPOSE 2181
   ---> Running in 0ddf8537b8cc
Removing intermediate container 0ddf8537b8cc
   ---> 8c7bdbad0b19
...忽略输出...
Step 9/9 : CMD ["sh","-c","/opt/zookeeper-3.4.14/bin/zkServer.sh start && tail -f /etc/shadow"]
   ---> Running in b35e692223e4
Removing intermediate container b35e692223e4
   ---> 3d2389d07944
Successfully built 3d2389d07944
Successfully tagged gpmall-zookeeper:v1.0
```

从 docker build 命令可以看到制作的镜像名为 gpmall-zookeeper:v1.0，看到没有报错，最后显示 Successfully built，说明镜像制作成功，可以查看镜像列表，如下所示：

```
REPOSITORY          TAG       IMAGE ID       CREATED         SIZE
gpmall-zookeeper    v1.0      3d2389d07944   2 minutes ago   540MB
```

制作完 ZooKeeper 镜像之后，接下来准备制作 Kafka 服务的镜像。

（5）制作 Kafka 镜像

制作 Kafka 镜像有点特殊，因为 Kafka 服务需要依赖于 ZooKeeper 服务，也就是说，如果需要单独制作一个 Kafka 服务的镜像，还需要在容器中提前安装 ZooKeeper 服务。其实 ZooKeeper 和 Kafka 服务可以由一个镜像提供，感兴趣的读者可以尝试制作一个镜像，提供 ZooKeeper 和 Kafka 服务。

创建制作 Kafka 服务镜像的工作目录，命令如下：

```
[root@docker ~]# mkdir /opt/kafka
```

根据手动安装 Kafka 和配置的方式，编写 Dockerfile 文件，文件内容如下：

```
FROM centos:centos7.5.1804
MAINTAINER chinaskill
EXPOSE 9092
RUN rm -rf /etc/yum.repos.d/*
COPY ftp.repo /etc/yum.repos.d/ftp.repo
RUN yum install java-1.8.0-openjdk java-1.8.0-openjdk-devel -y
ADD zookeeper-3.4.14.tar.gz /opt
RUN mv /opt/zookeeper-3.4.14/conf/zoo_sample.cfg /opt/zookeeper-3.4.14/conf/zoo.cfg
ADD kafka_2.11-1.1.1.tgz /opt
CMD ["sh","-c","/opt/zookeeper-3.4.14/bin/zkServer.sh start && /opt/kafka_2.11-1.1.1/bin/kafka-server-start.sh /opt/kafka_2.11-1.1.1/config/server.properties"]
```

从 Dockerfile 中可以看出，使用 CentOS 7.5 的基础镜像；作者是 chinaskill；暴露 9092 端口；删除容器内部原有的 repo 文件；复制 ftp.repo 文件到容器内部；ftp.repo 文件的内容如下：

```
[centos]
```

```
name=centos
gpgcheck=0
enabled=1
baseurl=ftp://192.168.200.16/centos
[gpmall]
name=gpmall
gpgcheck=0
enabled=1
baseurl=ftp://192.168.200.16/gpmall-single/gpmall-repo
```

ftp.repo 文件仍然与之前的相同，回到 Dockerfile 文件，安装 Java 环境，将 zookeeper-3.4.14.tar.gz 软件包传至容器内部的/opt 目录，修改 ZooKeeper 的配置文件，将 kafka_2.11-1.1.1.tgz 软件包传至容器内部的/opt 目录，启动 ZooKeeper 服务和 Kafka 服务。

梳理完 Dockerfile 文件之后，进行镜像的制作，确认/opt/Kafka 目录下存在 Dockerfile、ftp.repo、zookeeper-3.4.14.tar.gz 和 kafka_2.11-1.1.1.tgz 文件，且基本环境也配置完毕，制作镜像命令如下：

```
[root@docker kafka]# docker build -t gpmall-kafka:v1.0 .
Sending build context to Docker daemon  95.15MB
Step 1/10 : FROM centos:centos7.5.1804
 ---> cf49811e3cdb
Step 2/10 : MAINTAINER chinaskill
 ---> Using cache
 ---> 778b2f97dc49
Step 3/10 : EXPOSE 9092
 ---> Running in 6aa15cb815c1
...忽略输出...
Step 10/10 : CMD ["sh","-c","/opt/zookeeper-3.4.14/bin/zkServer.sh start && /opt/kafka_2.11-1.1.1/bin/kafka-server-start.sh /opt/kafka_2.11-1.1.1/config/server.properties"]
 ---> Running in 15cf48fb6b93
Removing intermediate container 15cf48fb6b93
 ---> 361c1f294c53
Successfully built 361c1f294c53
Successfully tagged gpmall-kafka:v1.0
```

从 docker build 命令可以看到制作的镜像名为 gpmall-kafka:v1.0，看到没有报错，最后显示 Successfully built，说明镜像制作成功，可以查看镜像列表，如下所示：

```
[root@docker kafka]# docker images
REPOSITORY      TAG       IMAGE ID       CREATED          SIZE
gpmall-kafka    v1.0      361c1f294c53   4 minutes ago    603MB
```

制作完 Kafka 镜像之后，接下来准备制作 Nginx 服务的镜像。

（6）制作 Nginx 镜像

制作最后一个 Nginx 镜像，创建工作目录，命令如下：

```
[root@docker ~]# mkdir /opt/nginx
```

根据手动安装 Nginx 和配置的方式，编写 Dockerfile 文件，文件内容如下：

```
FROM centos:centos7.5.1804
MAINTAINER chinaskill
EXPOSE 80 443 8081 8082 8083
```

```
RUN rm -rf /etc/yum.repos.d/*
COPY ftp.repo /etc/yum.repos.d/ftp.repo
RUN yum install nginx java-1.8.0-openjdk java-1.8.0-openjdk-devel -y
COPY *.jar /root/
ADD dist.tar /root/
RUN rm -rf /usr/share/nginx/html/*
RUN mv /root/dist/* /usr/share/nginx/html/
COPY default.conf /etc/nginx/conf.d/default.conf
COPY setup.sh /root/setup.sh
RUN chmod 755 /root/setup.sh
CMD ["nginx","-g","daemon off;"]
```

从 Dockerfile 中可以看出，使用 CentOS 7.5 的基础镜像；笔者使用 chinaskill；暴露 80、443、8081、8082、8083 端口，80 是 Web 服务端口，443 是 https 服务端口，8081/8082/8083 是后端服务端口，删除容器内部原有的 repo 文件，复制 ftp.repo 文件到容器内部，ftp.repo 文件的内容如下：

```
[centos]
name=centos
gpgcheck=0
enabled=1
baseurl=ftp://192.168.200.16/centos
[gpmall]
name=gpmall
gpgcheck=0
enabled=1
baseurl=ftp://192.168.200.16/gpmall-single/gpmall-repo
```

ftp.repo 文件仍然与之前的相同，返回到 Dockerfile 文件，安装 Java 环境，复制所有的 Jar 包到容器内部的/root 目录下；将前端文件压缩包传至容器内部的/root 目录下，删除 Nginx 工作目录原有的文件，将新的前端文件移动到 Nginx 工作目录，复制 Nginx 的 default.conf 文件，替换容器中原有的配置文件，复制 setup.sh 到容器内，setup.sh 的内容如下所示：

```
#!/bin/bash

nohup java -jar /root/shopping-provider-0.0.1-SNAPSHOT.jar &
sleep 10
nohup java -jar /root/user-provider-0.0.1-SNAPSHOT.jar &
sleep 10
nohup java -jar /root/gpmall-shopping-0.0.1-SNAPSHOT.jar &
sleep 10
nohup java -jar /root/gpmall-user-0.0.1-SNAPSHOT.jar &
sleep 10
nginx
```

setup.sh 中的内容是启动 Jar 包，启动 Nginx，继续返回到 Dockerfile 文件中，对 setup.sh 赋予执行权限，最后在容器启动时，运行 Nginx 服务。

梳理完 Dockerfile 文件之后，进行镜像的制作，确认/opt/nginx 目录下存在 Dockerfile、ftp.repo、dist.tar、default.conf、setup.sh 和 4 个 Jar 包文件，且基本环境也配置完毕，制作镜像命令如下：

```
[root@docker nginx]# docker build -t gpmall-nginx:v1.0 .
Sending build context to Docker daemon  215.6MB
Step 1/14 : FROM centos:centos7.5.1804
```

```
---> cf49811e3cdb
Step 2/14 : MAINTAINER chinaskill
 ---> Using cache
 ---> 778b2f97dc49
Step 3/14 : EXPOSE 80 443 8081 8082 8083
 ---> Running in 05690083082f
...忽略输出...
Step 14/14 : CMD ["nginx","-g","daemon off;"]
 ---> Running in 2ed6d0cb4d9d
Removing intermediate container 2ed6d0cb4d9d
 ---> a3b831dfcb12
Successfully built a3b831dfcb12
Successfully tagged gpmall-nginx:v1.0
```

从 docker build 命令可以看到制作的镜像名为 gpmall-nginx:v1.0，看到没有报错，最后显示 Successfully built，说明镜像制作成功，可以查看镜像列表，如下所示：

```
[root@docker nginx]# docker images
REPOSITORY          TAG       IMAGE ID       CREATED         SIZE
gpmall-nginx        v1.0      a3b831dfcb12   4 minutes ago   711MB
```

至此，所有容器镜像制作完毕。接下来使用 docker-compose 编排工具，对这五个镜像进行编排，启动 gpmall 商城应用。

4. 编排部署 gpmall 商城

有了上述五个容器镜像，需要对这些镜像进行编排部署，首先创建 docker-compose 的工作目录，命令如下：

```
[root@docker opt]# mkdir gpmall
```

在 /opt/gpmall 目录下，创建 docker-compose.yaml 文件，文件内容如下：

```yaml
version: "3"
services:
 mysql.mall:
   container_name: mall-mysql
   image: gpmall-mariadb:v1.0
   ports:
     - "13306:3306"
   restart: always

 redis.mall:
   container_name: mall-redis
   image: gpmall-redis:v1.0
   ports:
     - "16379:6379"
   restart: always

 zookeeper.mall:
   container_name: mall-zookeeper
   image: gpmall-zookeeper:v1.0
   ports:
     - "12181:2181"
   restart: always
```

```yaml
  kafka.mall:
    depends_on:
      - zookeeper.mall
    container_name: mall-kafka
    image: gpmall-kafka:v1.0
    ports:
      - "19092:9092"
    restart: always

  mall:
    container_name: mall-nginx
    image: gpmall-nginx:v1.0
    links:
      - mysql.mall
      - redis.mall
      - zookeeper.mall
      - kafka.mall
    ports:
      - "83:80"
      - "1443:443"
    command: ["sh","-c","/root/setup.sh && tail -f /etc/shadow"]
```

从 yaml 文件中可以看到，启动了五个容器，前四个为基础服务容器，Redis、数据库、ZooKeeper 和 Kafka，分别指定了容器名、镜像名、映射端口和重启规则。最后启动的是 Nginx 容器，指定了镜像名和容器名，并依赖于前四个容器，在启动时执行容器内的 setup.sh 脚本。

编写完 docker-compose.yaml 文件后，进行编排启动，命令如下：

```
[root@docker gpmall]# docker-compose up -d
Creating network "gpmall_default" with the default driver
Creating mall-redis      ... done
Creating mall-zookeeper  ... done
Creating mall-mysql      ... done
Creating mall-kafka      ... done
Creating mall-nginx      ... done
```

docker-compose 编排启动成功，可以看到容器正常启动，查看端口开放情况，如下所示：

```
[root@docker gpmall]# netstat -ntpl
Active Internet connections (only servers)
Proto Recv-Q Send-Q Local Address    Foreign Address   State     PID/Program name
Tcp     0      0    0.0.0.0:22       0.0.0.0:*         LISTEN    1025/sshd
Tcp     0      0    127.0.0.1:25     0.0.0.0:*         LISTEN    1292/master
tcp6    0      0    :::1443          :::*              LISTEN    15992/docker-proxy
tcp6    0      0    :::9092          :::*              LISTEN    6164/java
tcp6    0      0    :::39141         :::*              LISTEN    6164/java
tcp6    0      0    :::2181          :::*              LISTEN    5856/java
tcp6    0      0    :::83            :::*              LISTEN    160037docker-proxy
tcp6    0      0    :::19092         :::*              LISTEN    15832/docker-proxy
tcp6    0      0    :::12181         :::*              LISTEN    15604/docker-proxy
tcp6    0      0    :::21            :::*              LISTEN    6440/vsftpd
tcp6    0      0    :::22            :::*              LISTEN    1025/sshd
```

```
tcp6       0      0  : : :25         :::*                    LISTEN      1292/master
tcp6       0      0  : : :13306      :::*                    LISTEN      15582/docker-proxy
tcp6       0      0  : : :16379      :::*                    LISTEN      15569/docker-proxy
tcp6       0      0  : : :33211      :::*                    LISTEN      5856/java
```

端口开放情况正常，使用浏览器访问 http://192.168.200.41:83，如图 6-4 所示。

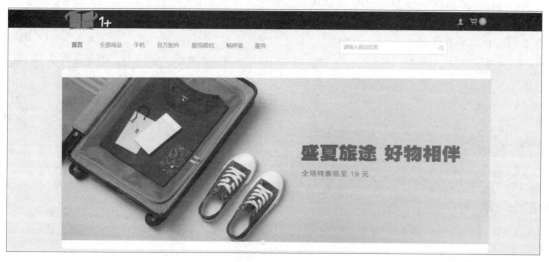

图 6-4　商城首页

使用 docker-compose 编排工具启动 gpmall 应用商城成功。如果访问页面失败，一般来说是因为 Nginx 容器中的 Jar 包没有正常启动（机器配置有区别，启动 Jar 间隙太短可能导致 Jar 包没有正常启动），可以使用 docker exec 命令进入 Nginx 容器，查看 Jar 包是否都正常启动，若没有正常启动，可以使用手动方式启动 Jar 包。或者修改 setup.sh 中的 sleep 时间。

单元小结

本单元主要介绍了微服务架构商城应用的普通单节点部署与容器化部署。通过本单元内容的学习，读者了解了微服务架构、微服务架构的优点，还学习了 Docker 容器服务，了解了使用 Docker 容器服务的优点、容器与微服务之间的关系，并通过实战练习，读者掌握了制作私有化容器镜像的方法。最后通过 Docker Compose 编排服务部署 gpmall 商城应用，并掌握容器编排的使用。

在实际工作中，经常会遇到编写 Dockerfile 制作私有容器镜像、编排部署容器镜像。应用的容器化是一个大趋势，因为容器具有比 VM 虚拟机启动快、隔离性好等优点。目前云原生、DevOps 是很热门的话题，这些技术和微服务与容器化有着千丝万缕的关系。理解微服务架构，能使用容器化编排部署应用，对于今后读者学习云原生、DevOps 技术有很大帮助。

课后练习

1. 除了用 Dockerfile 方式制作镜像，还有什么方法能制作容器镜像？
2. 除了用 Docker Compose 编排服务，还有哪些编排服务？
3. 如果使用分布式的方式编排部署商城应用，还可以使用 Compose 吗？

实训练习

1. 使用一台虚拟机安装 Docker 服务，使用 WordPress 软件包，编写 Dockerfile 文件，制作 WordPress 容器镜像和 MariaDB 数据库容器镜像。

2. 使用一台虚拟机安装 Docker 和 Docker Compose 服务，使用 Docker Compose 服务编排部署 WordPress 应用。

参考文献

[1] 特恩布尔. 第一本 Docker 书（第 2 版）[M]. 李兆海，刘斌，巨震，译. 北京：人民邮电出版社，2016.

[2] 刘海燕. VMware 虚拟化技术[M]. 北京：中国铁道出版社，2018.

[3] 高俊峰. 高性能 Linux 服务器构建实战[M]. 北京：机械工业出版社，2016.

[4] 朱晓彦，顾旭峰. 云存储技术与应用[M]. 北京：高等教育出版社，2018.

[5] 尼克罗夫. Docker 实战[M]. 胡震，杨润青，黄帅，译. 北京：电子工业出版社，2017.